Erich Pitzl

Darum Bracken!

Der ideale Hund für Bewegungsjagd und Nachsuche

Leopold Stocker Verlag
Graz – Stuttgart

Titelgestaltung: DSR | Werbeagentur Rypka GmbH, 8020 Graz
Titelbild: Erich Pitzl
Die im Innenteil mit Fotonachweis gekennzeichneten Bilder wurden vom Fotostudio B. u. G., Weilburgstraße 4, A-2500 Baden angefertigt (www.fotostudio-bg.at). Alle nicht gekennzeichneten Bilder stammen vom Autor.

Bibliografische Information der Deutschen Bibliothek
Die Deutsche Nationalbibliothek verzeichnet diese Publikation in der Deutschen Nationalbibliografie; detaillierte bibliografische Daten sind im Internet über http://dnb.ddb.de abrufbar.

Hinweis:
Dieses Buch wurde auf chlorfreiem Papier gedruckt.
Die zum Schutz vor Verschmutzung verwendete Einschweißfolie ist aus Polyethylen chlor- und schwefelfrei hergestellt. Diese umweltfreundliche Folie verhält sich grundwasserneutral, ist voll recyclingfähig und verbrennt in Müllverbrennungsanlagen völlig ungiftig.

ISBN 978-3-7020-1464-3

Layout: graphik + design Gernot Ziegler, 8054 Graz, werbegraphik.net

Vorwort

Die Vielseitigkeit unserer österreichischen Heimat fordert auch eine Vielfalt an Jagdarten und damit auch in jagdbetrieblicher Sicht verschiedenste Jagdhunderassen.

Die einzigen Jagdhunderassen, die Österreich als Ursprungsland haben, sind Brandl-, Steirische Rauhaar- und Dachsbracke sowie Tiroler Bracke.

Das ureigenste Einsatzgebiet unserer Bracken war die laute Jagd auf Hase und Fuchs und die schwierige Arbeit nach dem Schuss auf der Wundfährte. In heutiger Zeit erobern die Bracken durch ihren angewölften Spurlaut und als Solojäger immer mehr ihren Einsatzbereich auf den Bewegungsjagden auf Rot- und Schwarzwild. Rudolf Frieß hat schon in seinen „Jagdnotizen" die Jagdart der Bracke beschrieben: „Da die locker fährtenlaute Bracke nie wirklich ‚hetzen' kann, sondern nur verhältnismäßig langsam jagen kann, weil sie ja die halbe Lunge für das Lautgeben benötigt und nur mit der Nase in der Fährte arbeitet, kam natürlich Leben in den ganzen Berg."

Der Autor Erich Pitzl, umsichtiger und äußerst rühriger Gebietsführer des ÖBV für Niederösterreich und Wien, hat sich schon als einsatzfreudiger Jungjäger der Arbeit mit der Brandlbracke und später auch der Steir. Rauhaarbracke angenommen. Viele angehende Brackenführer hat er mit der Arbeit dieser sensiblen Rasse vertraut gemacht und in unzähligen Hundeführerkursen das theoretische und praktische Rüstzeug mitgegeben.

Eigentlich war es nur eine Folge dieser unermüdlichen Arbeit, dass er seine Erlebnisse und Erkenntnisse aus der Arbeit mit den angehenden Brackenführern und vor allem auch seine Nachsuchenerlebnisse auf der Wundfährte, von Rehwild bis zu wehrhaftem Schwarzwild, zu Papier brachte! Aber auch auf den Bewegungsjagden hat Erich mit seinem „Brackenteam" schon reichlich Erfahrung gesammelt. So entstand ein Brackenbuch, auf das wir vom ÖBV sozusagen „schon gewartet haben"!

„Dein Hund kann alles, du musst es nur aus ihm herausbringen", so das Motto Erich Pitzls während seiner Übungstage. Dazu muss der Brackenführer drei wichtige Eigenschaften besitzen: 1. Geduld, 2. Geduld, 3. Geduld. Mit Schreien, Gewalt und Zwang ist bei unseren Bracken nichts zu erreichen! Zusätzlich stellt Erich – tatkräftig unterstützt von seiner Gretl! – seine Arbeit mit den Bracken auf folgende Grundpfeiler:

1. Aus Tierschutzgründen das verletzte Wild möglichst rasch aufzuspüren und von seinem Leid zu erlösen, sei es nun als Folge eines KFZ-Unfalles oder eines misslungenen Schusses.

2. Aus wirtschaftlichen Gründen, um das edle Wildbret noch der Verwertung zuführen zu können.

3. Aus edler Absicht, manchem verzweifelten Jäger aus seiner Ungewissheit zu helfen, ohne zu fragen, was er dafür bekommt!

Lieber Erich, deine Freunde wünschen dir, dass dein Buch vielen Jagdhundeführern – egal ob Erstlingsführer oder erfahrener Hase – Hilfe und weiter Ansporn ist.

Danke für euren unermüdlichen Einsatz zum Wohle von Wild, Hund, Jagd! Weidmanns- und Brackenheil

Gottfried Kernecker
Ehrenpräsident des ÖBV

Prägephase

Wie das Wort schon sagt, „prägen" die Erfahrungen, die ein Welpe in seinen ersten Lebenswochen und Monaten macht, sein künftiges Tun. Unauslöschlich ist das Gelernte in ihm, Gutes wie weniger Gutes. Darum ist es ja so besonders wichtig, Züchter zu haben, die über dieses Wissen verfügen und in der Welpenaufzucht darauf Rücksicht nehmen. Hier liegt der Grundstein für Hunde, die die Aufgaben, die ihnen später gestellt werden, erfüllen können.

Auch wenn man Mensch und Tier nicht vergleichen sollte, bin ich überzeugt, dass auch beim Menschen dasjenige, das er in der „Prägephase" erlebt hat, im Bewusstsein unauslöschlich vorhanden ist. Bei mir jedenfalls ist es so.

Ich hatte das Glück, von Geburt an von Jägern umgeben gewesen zu sein und mit Jagdhunden aufzuwachsen. Beide Großväter und alle Onkel mütterlicher- wie väterlicherseits waren Jäger. Die einzige Ausnahme war mein Vater. Der aber war wiederum der, der gern als Treiber mitging und unser „Obertreiber" war.

Das Haus meines Großvaters, in dem ich aufwuchs, war Treffpunkt sämtlicher Jäger. Vor und nach der Jagd traf man sich bei uns. Das erlegte Wild wurde bei uns abgegeben und damals vom Großvater und mir am Bahnhof weggeschickt. Als Kühlraum diente der Keller. Mein Großvater führte damals, wie fast alle anderen Jäger, einen Deutsch-Drahthaar.

Rex war damals meine „Gehschule". Geduldig hielt er still, als ich das Gehen lernte und mich an ihm hochzog. Oft half er mit seiner kräftigen Schnauze ein wenig mit. Mein Onkel Karl, der ebenfalls im Haus wohnte, führte eine Bayerische Gebirgsschweißhündin; Senta hieß die Sanfte. Und ich erinnere mich noch genau, wie ich Tage im leeren Saustall draußen bei ihrem Wurf verbrachte. Groß war damals der Schmerz, als die Welpen verkauft wurden.

Wenn die Jäger abends, nach der Jagd, rund um den Tisch sitzend ihre Geschichten erzählten, saß ich stundenlang auf der Bettbank und lauschte mit großen Ohren den oft unglaublichen Erlebnissen, die diese Männer zum Besten gaben.

Als ich dann zur Schule ging, durfte ich auch mit auf die Jagd gehen. Mit meinen vielen Fragen habe ich sicher so manches Stück Wild vergrämt, aber egal ob Großvater oder Onkel, alle antworteten geduldig und nahmen mich auch immer wieder mit.

Sehr bald schon konnte ich mich dann als Treiber-Bub nützlich machen. Mein Großvater war ein sehr beliebter und anerkannter Jäger und wurde zu vielen Jagden eingeladen. Es war damals

Gemeinsam aufwachsen ...

üblich, einen Treiber-Buben mitzubringen, der vom Jäger den ganzen Tag lang „ausgehalten" (verköstigt und bezahlt) werden musste. Damals gab es noch viel Niederwild bei uns, und so schleppten wir oft viele Rebhühner und Hasen. Für uns „Buam" waren das die schönsten Tage, die überdies Vorteile mit sich brachten. Der Herr Oberlehrer, der immer dabei war, war in der Schule uns „Treiber-Buam" gegenüber meistens ein wenig freundlicher gesinnt.

Meistens wurde später dann aus dem Treiber-Bub ein junger Jäger – so wie es bei mir der Fall ist. So geprägt ist es auch verständlich, dass ich mich schon sehr früh dem Jagdhundewesen zugewendet habe. Neben Rex und Senta hinterließ Flott in der Phase, als ich zum Jäger heranwuchs, bei mir tiefe Spuren.

Flott war der Deutsch-Kurzhaar vom Hubbauer; einem großen Bauern und Jagdpächter im Dorf. Bei ihm arbeitete mein Vater am Samstag öfter als Zimmermann. Ich durfte dann meistens

... und voneinander lernen. Axl mit David.

mitgehen. Während mein Vater fleißig arbeitete, durfte ich mit dem 9-mm-Flobert des Bauern im Dorf die Spatzen (Haussperling) bejagen, die als große Schädlinge galten. Der Bauer hatte eine große Freude an meiner Jagdpassion und gab mir mit den Worten: „Passt hoit auf, das nix passiert!“ das Flobert und eine Handvoll Vogeldunst. Das waren Schrotpatronen für das 9-mm-Flobert, die nur zum Schießen auf Spatzen geeignet waren. Voller Freude pirschte ich am Heuboden, im Stadel und rund ums Haus auf die frechen Spatzen, die den Hühnern immer das Futter wegfraßen. Mit dabei war immer Flott, der Deutsch-Kurzhaar des Bauern. Der war froh, dass sich jemand mit ihm abgab; er suchte und brachte alles „Flugwild“, das von mir erlegt worden war. Er war ein sehr gelehriger Hund. Schnell hatte ich ihm beigebracht, wie man mit der Leiter auf den Heustock kam oder dass man beim Ausgeben des Apports brav sitzen musste. Es war eine herrliche Beziehung zwischen uns zwei entstanden und die Bauern hatten auch großen Gefallen an der von uns erbrachten Strecke.

Eines Tages wurde Flott dann zu meinem Lebensretter. Es war im Winter, als wir gemeinsam durchs Dorf liefen. Ich warf Flott immer wieder einen Stock und er apportierte voller Freude. Als der Stock dann aber auf dem Eis des zugefrorenen Weihers zu liegen kam, verweigerte Flott, und ich musste das Apport selber holen. Als ich in der Mitte des Teiches war, brach mit einem Kracher das Eis ein und ich versank im eisig kalten Wasser. Schwimmen konnte ich damals noch nicht. Als ich so um mich schlug, war auf einmal Flott neben mir im Wasser und fasste mich am Arm. Irgendwie ist es uns dann doch gelungen das Ufer zu erreichen. Die Bauersleute und mein Vater staunten nicht schlecht, als wir triefend nass in die Stube traten. Nach einer gehörigen Schelte sagte mein Vater etwas, das eigentlich bis heute seine Richtigkeit behalten hat: „Siegst, da Hund is imma gscheida ois de Leut. Der hoat gwisst, dass des Eis ned troagt.“

Ich musste bei den mehr als tausend Nachsuchen, bei denen ich bis jetzt mit dabei war, als Leistungsrichter oder als Zuseher (selten), meistens aber als Hundeführer, sehr oft zur Kenntnis nehmen, dass der Hund „gescheiter“ war als wir – auch wenn diese Erleuchtung manchmal erst nach Tagen eintrat. Meistens glaubt man in dieser Situation mit Logik und Verstand handeln zu müssen und sehr oft steht man dann an den für uns unüberwindlichen Grenzen, die der Hund mit Leichtigkeit umgangen hätte, wenn wir ihn nur gelassen hätten. Einige solcher Episoden können Sie in den folgenden Berichten lesen, die ausschließlich von mir tatsächlich Erlebtes wiedergeben. Einige Jäger werden sich in den dargebrachten Berichten wiedererkennen. Ich bitte jetzt schon um Nachsicht, wenn ich das, was ich erlebt habe, aus meinem Blickwinkel beschreibe. Auch wenn ich mir vorgenommen habe, Grobheiten zu unterlassen, konnte ich mir nicht verkneifen, den einen oder anderen Seitenhieb in pädagogischer Absicht loszuwerden. Möglicherweise lösen diese hier und da so etwas wie Selbsterkenntnis aus.

Warum gerade Bracken?

Diese für den einen oder anderen wohl leicht provokante Frage lässt sich so schnell nicht beantworten. Sie könnte genauso lauten: „Warum fährst du immer nur Autos der Marke XY?“ Bei einer Goldenen Hochzeit könnte die Frage an den Ehemann lauten: „Warum gerade mit dieser Frau, du hast doch auch viele andere fesche Mädchen gekannt?“ Die Antwort müsste dann hoffentlich lauten: „Weil ich sie liebe, wir uns gegenseitig schätzen, uns verstehen“ usw.

Ben mit seiner Freundin Aika (Deutscher Wachtelhund)

Wenn man mit einer Jagdhunderasse über einen längeren Zeitraum jagt, so wie ich gut 40 Jahre mit den Bracken, dann hat man – vorausgesetzt, man ist gewillt dazu – das Wesen dieser Rasse und ihre Eigenheiten kennengelernt. Wenn dann noch die Chemie zwischen Hund und Führer stimmt, wird es ein harmonisches, erfüllendes Miteinander sein.

Ich bin kein Hunderassenfanatiker. Im Gegenteil, ich habe verschiedenste Rassen bei der Arbeit beobachten dürfen und ich bewundere jeden Rassenvertreter, der die Arbeit, für die er gezüchtet wurde, sauber erledigt. Kein Verständnis habe ich für die Jäger, die um des Auffallens willen Rassen führen, die für den Einsatz, in dem sie verwendet werden, nicht gezüchtet wurden. Ich erinnere mich, wie ein Berufsjäger in einem Gamsrevier mit einem Setter prahlte. Zu nennen sind auch jene, die bei Bewegungsjagden auf Schwarzwild um jeden Preis mit stummen Hunden punkten möchten. Mit einem derartigen Verhalten wird einer Rasse höchstens Schaden zugefügt. Zu erinnern ist hier daran, dass es deshalb so viele verschiedene Rassen gibt, damit man für jeden Aufgabenbereich auch mehrere verschiedene Rassen einsetzen und verwenden kann!

Ich bin mit Vorstehhunden groß geworden. Natürlich war auch mein erster Hund ein Deutsch-Kurzhaar. Die Gelehrigkeit und die selbstverständliche Unterordnung, die dieser Rasse angezüchtet ist, haben mich begeistert. Doch bei der Vorbereitung zu den Prüfungen musste ich erkennen, dass diese Hunderasse in unseren mittlerweile niederwildarmen Revieren total unterfordert ist. So musste ich in die Nachbarbezirke ausweichen, um das Vorstehen und Apportieren einzulernen. Es funktionierte auch, aber es war mühsam. Flott – so hieß mein erster Deutsch-Kurzhaar – wurde dann hauptsächlich nur zum Nachsuchen verwendet. Später führte ich dann einen Deutschen Jagdterrier; eine Rasse, die mich durch ihre Passion für die Jagd und ihre vielfältigen Einsatzmöglichkeiten immer wieder begeistert.

Ich hatte auch hier das Glück, eine gute Linie zu erwischen und war bis auf ein paar Kleinigkeiten hochzufrieden. Als mein Muck

– so hieß mein Terrier – unter die Räder eines Autos gekommen war, spielte mir mehr oder weniger der Zufall eine Brandlbracke in die Arme.

Am Anfang dieser Beziehung war ich gar nicht so glücklich. Die Umstellung von einem quirligen Terrier auf eine – doch sehr ruhige – Bracke war sehr groß. Auch die Art, wie Bracken reagieren, wenn sie etwas mit der Nase untersuchen (und das tun sie fast immer), muss man erst kennenlernen. Ich brauchte dazu ziemlich lang. Entscheidend dafür, welche Rasse man am besten führt, muss der Verwendungszweck sein. Waren früher die Bracken nur im Hochgebirge anzutreffen, weiß man mittlerweile, dass sie eigentlich in sehr viele Reviere passen. Bei uns zum Beispiel gibt es einige Hasen. Zu wenig zwar für großartige Treibjagden, aber genug, um diese zu bejagen. Mit Bracken ist das ein intensives Erlebnis.

Unsere Hauptwildart ist das Reh. Zum Nachsuchen auf Rehe braucht man einen schnellen Hund mit entsprechender Wildschärfe. Rehe stellen sich fast nie, und somit muss sie der Hund abfangen. Unsere Bracken sind dazu gerade prädestiniert. Mit dem Spurlaut dazu weiß man immer genau, wo sich die Jagd gerade befindet und was der Hund gerade macht. Wer lange mit Bracken jagt, kann bereits am Laut erkennen, was sein Hund gerade arbeitet.

Wir unterscheiden zwischen **Spur-, Sicht-** sowie **Standlaut** und **Totverbellen.** Beim Hasenjagen gibt es auch noch den **Heblaut**; das ist dieser Jauchzer, den die Bracke voller Freude loslässt, wenn sie den Hasen aus dem Lager hochmacht. An der Tonlage erkennen wir auch, ob der Hund Hase, Reh, Fuchs oder Schwarzwild vor sich hat. Und somit ist man akustisch eigentlich immer mit seinem Vierbeiner in Kontakt. Es ist schon sehr spannend, wenn der Spurlaut auf eine Sau zum Beispiel in Sichtlaut umschlägt. Da weiß man, dass er das Stück unmittelbar vor sich hat. Und wenn der Sichtlaut zum Standlaut wechselt, dann hat sich die Sau gestellt.

... auch weil sie so herzig sind!

Was Bracken besonders auszeichnet, ist ihre wohldosierte Schärfe. Ganz selten werden Bracken vom Schwarzwild geschlagen, zumal sie auch im heißesten Kampf mit der Sau nie kopflos werden. Und dennoch sind sie beim Schwarzwild sehr hart. Speziell die Steirische Rauhaarbracke hat sich in letzter Zeit einen besonderen Ruf bei den Schwarzwildjägern gemacht. Ein großer Vorteil dieser Bracken ist ihr hellrotes Haar, das einen guten Kontrast zum Schwarzkittel der Sau bildet.

Mit ihrer Feinnasigkeit, ihrem Spurwillen und der Spursicherheit, über die diese alte Jagdhunderasse seit Jahrtausenden verfügt, sind Bracken auch besonders gut zum Nachsuchen auf allen Fährten geeignet. Stehzeiten von bis zu 48 Stunden machen einer gut eingearbeiteten Bracke gar nichts aus; auch zugeschneite Wundfährten arbeitet sie sicher und sorgfältig bis zum Stück. Wenn dann nach dem Schnallen das herrliche Geläute erklingt, wird einem klar, warum man gern mit dieser Rasse jagt. Der ausgeprägte Orientierungssinn lässt eine Bracke immer zum Ausgangspunkt zurückfinden, auch wenn sie zum ersten Mal in einem fremden Revier stundenlang gejagt hat. Beim abgelegten Wetterfleck wird sie auf das Herrl warten. Viele liebgewonnene Eigenheiten könnte ich jetzt noch über diese Rasse erzählen, dafür eignen sich aber die oft unglaublich klingenden Erlebnisberichte, die Sie in diesem Buch lesen können, weit besser. Wenn Sie am Ende dieses Buch angelangt sind, werden Sie verstehen, warum ich gerade mit Bracken so gern arbeite und jage.

Bevor ich jedoch von den vielen verschiedenen Einsätzen mit meinen Bracken berichte, möchte ich allgemeine Informationen zu den österreichischen Brackenrassen und Brackenvereinen voranstellen. Danach folgt ein vollkommen neues Kapitel mit allen wissenswerten Grundlagen über das Züchten von Bracken, bevor die Ausbildung beschrieben wird.

Österreichische Brackenrassen

Österreich gilt gemäß den FCI-Bestimmungen als Ursprungsland von vier Brackenrassen. Der ÖKV erstellt in Zusammenarbeit mit der Verbandskörperschaft, die mit der zuchtmäßigen Betreuung der jeweiligen Rasse beauftragt ist, den weltweit gültigen Standard.

Die Brandlbracke („Vieräugl") und die Steirische Rauhaarbracke („Peintinger") werden vom ÖBV (Österreichischer Brackenverein) betreut, die Tiroler Bracke vom „Klub Tiroler Bracke" und die Dachsbracke vom „Klub Dachsbracke". Alle vier Brackenrassen sind in der FCI-Gruppe 6 eingeordnet (Bracken und Laufhunde).

Geschichte der Bracken

Schon um 1200 v. Chr. wurden die ersten ägyptischen Bracken von den Phöniziern und Griechen als Tauschobjekte nach Europa gebracht. Über die Römer kam der Hund zu den Germanen. Vor allem waren es die Kelten, die sich intensiv mit der Zucht befassten. Die Keltenbracke ging auch in die Geschichte der Kynologie ein. Alle unsere Bracken stammen von der „Keltenbracke" ab.

Charakter der Bracken

Die österreichischen Brackenrassen sind durch verantwortungsvolle Zucht bis heute gesund, widerstandsfähig und wesensstark geblieben. Sie sind vielseitige, intelligente, ausdauernde und auch sehr familienbezogene Jagdgebrauchshunde. Das signifikante

Merkmal ist das lang anhaltende, ausdauernde „laute Jagen" auf Spur und Fährte sowie ein ausgeprägter Orientierungssinn. Spurwille, Spursicherheit, Spurlaut, Wesensstärke, Schneid, ausgeprägte Ambition bei der Nachsuche, Verweisen, Leichtführigkeit und die Bereitschaft, sich vielseitig zu zeigen, machen die Brandlbracke, die Steirische Rauhaarbracke, die Tiroler Bracke und die Dachsbracke zu verlässlichen Praktikern und angenehmen, ruhigen Revierbegleitern.

ÖBV – Österreichischer Brackenverein

Der Österreichische Brackenverein wurde im Jahre 1950 gegründet und betreut die Brandlbracke und die Steirische Rauhaarbracke. Der ÖBV ist unter anderem für die Zucht, Leistung, Formwertprüfung und Vermittlung der Welpen zuständig. Der ÖBV ist Mitglied der FCI beim ÖKV (Österreichischer Kynologenverband) und beim ÖJGV (Österreichischer Jagdgebrauchshundeverband). Er hält sich an die jeweiligen Bundes-, Landes-, Jagd- und Tierschutzgesetze.

Kontakt
Geschäftsführer: Gregor Grossinger, office@bracken.at

Österreichische Brandlbracke („Vieräugl")

Geschichte
Die Brandlbracke stammt von den Wildbodenhunden ab. Ihre Rassekennzeichen wurden bereits 1883 vom Österreichischen Hundezuchtverein festgelegt. Es handelt sich hier also um eine reine österreichische Rasse, die von dem Steirer Karl Borbolani und von Herzog Ludwig Wilhelm von Bayern in der Zucht verfeinert wurde.

Allgemeines Erscheinungsbild

Sie ist eine mittelgroße, glatthaarige Bracke (48–56 cm Schulterhöhe), hat einen kräftigen, elastischen Körper, der Brustkorb ist breit, ziemlich tief und lang, der Bauch etwas aufgezogen, der Rücken ist gerade. Der Kopf wird hoch getragen, der Behang ist mittellang, die Augen sind klar, meist braun mit klugem Ausdruck. Die Rute ist im ruhigen Gang abwärts, bei der Suche aufwärts gerichtet. Die Farbe der Brandlbracke ist schwarz mit kräftigem, scharf abgegrenztem, hell- bis dunkelbraunem Brand (Brandl). Die zwei lohfarbenen Abzeichen über den Augen („Vieräugl") müssen vorhanden sein.

Ben vom Brandlkreutz

„Vieräugl"

Jagdliche Verwendung

Die Brandlbracke ist vielseitig, verlässlich, leistungsstark, und zwar sowohl vor als auch nach dem Schuss; sie ist der kompetente Gebrauchshund für alle Höhenlagen.

Kontakt

Zuchtwart: Daniela Hoffellner, zuchtwart.brandl@bracken.at
Welpenvermittlung: erich.pitzl@bracken.at

Steirische Rauhaarbracke (Peintinger Bracke)

Geschichte

Gewerke Carl Peintinger begann die Zucht im Jahre 1870 mit einer hannoveranischen Schweißhündin und einem vorzüglichen rauhaarigen Brackenrüden („Keltenbracke“). Die Wurfschönsten wurden aufgezogen und mit ihnen unter zeitweiliger Zuführung von Schweißhundeblut und auch Blut von kurz- und rauhaarigen Bracken weitergezüchtet. So wurde die schöne, intelligente und vielseitige Rauhaarbracke geschaffen.

Allgemeines Erscheinungsbild

Sie ist eine mittelgroße Bracke (48–56 cm Schulterhöhe), imponiert durch ihre Erscheinung und hat einen ernsten, selbstbewussten Gesichtsausdruck. Der Behang ist nicht übermäßig groß angelegt, glatter und etwas weicher behaart als der Körper, der ein schön fahlgelbes bis hirschrotes Stichelhaar zeigt. Die Rute ist gut behaart, mittellang, bei ruhigem Gang gerade und bei der Suche leicht sichelförmig nach oben getragen.

Dux und Faso

Jagdliche Verwendung

Im Hochgebirge sowie in der Ebene sind es zwei Eigenschaften, welche die „Steirische" so wertvoll machen, nämlich ihre große Unempfindlichkeit gegen nachteilige klimatische Einflüsse und ihre Genügsamkeit. So wie sie sich unempfindlich gegen Regen, Schnee und Kälte zeigt, erträgt sie auch Hitze und Durst. Die „Peintinger" ist ein passionierter, harter Jagdhund, der mit lautem und lockerem Hals in den schwierigsten Gegenden befähigt ist, dem Wild zu folgen.

Kontakt
Zuchtwart: Dr. Johannes Plenk,
zuchtwart.steirische@bracken.at

Klub Tiroler Bracke

Geschichte

Die heutige Tiroler Bracke stammt aus einer Vielzahl verschiedener Brackenschläge ehemaliger Tiroler Bauernhunde ab. Sie entspricht heute im Erscheinungsbild am ehesten noch dem Urjagdhund. Die meist kleinen Populationen entstanden durch die geografischen Gegebenheiten der Seitentäler im Alpenraum. In einer Zeit, in der es kaum Mobilität gab, wie wir sie heute kennen, mussten sich zwangsweise eigene Linien entwickeln. Jedoch hatten alle Schläge eines gemeinsam: den unbändigen Spur- und Fährtenwillen sowie einen lockeren Hals. Aus den früher bekannten Schlägen, wie der Brixner, Nonnsberger, Pustertaler oder Oberinntaler Bracke usw., sind heute der rote und der schwarzrote Schlag übrig geblieben.

Als Richard Sauerwein in den Nachkriegsjahren mit der Parole „Durch Leistung zum Typ“ die Tiroler Brackenzucht auf eine solide, durchaus nicht zu einseitig orientierte Basis stellte, begann die gezielte Selektion unserer heutigen Tiroler Bracke. Gleichzeitig entstand eine Prüfungsordnung, die weitestgehend auch heute noch ihre Gültigkeit hat! Der Rassestandard wurde seit der ersten Festlegung im Jahre 1908 kaum verändert.

Es ist das Bestreben des Rasse-Spezialvereins, einen guten Jagdgebrauchshund nur für den Jäger zu züchten. Der Rasse-Jagdhund „Tiroler Bracke“ ist nicht geeignet als Stadt- und schon gar nicht als Modehund, der jegliche Jagdpassion vermissen lässt. Gerade deshalb darf es auf keinen Fall zu einer Massenvermehrung kommen.

Kontakt
Obmann: Wildmeister Karl Ragg, www.klub-tirolerbracke.at
Zuchtwart: Thomas Plattner, th.plattner@gmx.at
Welpenvermittlung: Harald Graus, 0043 664 13 13 001

Tiroler Bracke

Allgemeines Erscheinungsbild

In Tirol werden der schwarzrote und der rote Schlag gezüchtet. Dabei gibt es verschiedene Variationen im Brand und in der Zeichnung. Auch Hunde mit dem sogenannten Brackenstern sind gar nicht so selten anzutreffen. Ein derber Arbeitskittel ist unverzichtbar für die Tiroler Bracke, ist doch ein Einsatz in Hochgebirgsregionen bei mehreren Minusgraden im Gamsrevier keine Seltenheit.

Die Tiroler Bracke wird als schwarzroter und roter Schlag gezüchtet.

Jagdliche Verwendung

Das Brackieren mit diesen Hunden ist uraltes Kulturgut. Dies gilt es zu erhalten. Als die Jagd hauptsächlich dem Hochadel vorbehalten war, gab es schon diese Hunderasse, wie Aufzeichnungen von Kaiser Maximilian, einem großen Weidmann, beweisen. Er schätzte diese Hunde als treue Jagdhelfer. Moderne Jagdmethoden indes verleiten dazu, unsere Rassehunde auf nicht rassetypischen Arbeitsgebieten einzusetzen. Es ist bekannt, dass Bracken zum Beispiel in Deutschland vermehrt für Drückjagden eingesetzt werden.

Die uralte Rasse der Tiroler Bracke wird im Mutterland auch heute noch als Brackier- und nicht als Stöberhund geführt.

Klub Dachsbracke

Alpenländische Dachsbracke – ein Schweißhund aus Österreich

Geschichte

Die berühmteste Bracke der Antike war der „Segusier“ der Gallier. Diese Keltenbracke zeichnete sich durch eine besonders feine Nase, bedächtige Suche und leidenschaftliches Jagen mit lautem Hals aus. Eine römisch-gallische Darstellung zeigt einen Laufhund, einen Eber verbellend. Dieser Hund ähnelt verblüffend unserer Alpenländischen Dachsbracke. Auch im Mittelalter finden wir neben hochläufigen Bracken einen Typus der heutigen Dachsbracke. Auf Gemälden aus dem 17. Jh. gibt es Darstellungen von Jagdhunden, die eindeutig als Dachsbracken identifiziert werden können.

1770 wurden von der österreichischen Hofjagdleitung in Bad Ischl und Mürzsteg Dachsbracken als Schweißhunde eingesetzt, deren ausgezeichnete Leistungen anhand von Beispielen in diversen Aufzeichnungen dokumentiert wurden. Kronprinz Rudolf erzählt in seinem Buch „Eine Orientreise vom Jahre 1881“, dass Berufsjäger aus Mürzsteg 14 „Dachseln“ als Jagdhunde mitgenommen hatten, die, nach Illustrationen zu schließen, Dachsbracken im heutigen Sinne waren.

1896 erfolgte die Gründung des Internationalen Dachsbrackenklubs unter Prof. Georg Grünbauer.

1910 wurde in Wien von Rittmeister August Baumann als Obmann der „Klub Dachsbracke“ neu gegründet.

1932 erfolgte die Anerkennung der Alpenländischen Dachsbracke vom ÖKV und ÖJGV als Österreichische Schweißhunderasse.

1975 Anerkennung der Alpenländischen Dachsbracke als Österreichische Hunderasse durch die FCI.

1991 Anerkennung als Schweißhunderasse durch die FCI.

2009 Der Klub Dachsbracke zählt 630 Mitglieder.

Kontakt
Geschäftsführer: Ing. Andreas Angermann, www.klub-dachsbracke.com
Zuchtwart: Dr. Georg Urak, g.urak@gmx.at
Welpenvermittlung: Robert Solarzyk, 0043 676 6252 9264

Allgemeines Erscheinungsbild
Unsere Dachsbracke ist ein niederläufiger, kräftiger Jagdhund (Schulterhöhe 34–42 cm) mit robustem, starkknochigem Körperbau, dichtem Haarkleid und fester Muskulatur. Ihr Gesichtsausdruck ist klug und freundlich und sie zeigt ein unerschrockenes Wesen. Die Dachsbracke wird in zwei Farbschlägen gezüchtet: hirschrot und schwarz mit braunem Brand (Vieräugl); (FCI Standard Nr. 254).

Die Dachsbracke ist ein niederläufiger, kräftiger Jagdhund.

Die Dachsbracke wird in zwei Farbschlägen gezüchtet: hirschrot und schwarz mit braunem Brand.

Jagdliche Verwendung

Die Dachsbracke ist ein sehr beliebter Gebrauchshund und wird neben ihrer Hauptaufgabe – der Schweißarbeit – auch für die laute Jagd auf Hase und Fuchs und wegen ihres schneidigen, unerschrockenen Wesens vermehrt auf Schwarzwild eingesetzt. Aufgrund ihrer mittleren Größe stellt sich das kranke Wild früher zur Bail als bei großen Hunden. Sie lässt sich unschwer als Totverweiser oder Totverbeller abrichten. Die Dachsbracke ist ein ruhiger, aufmerksamer Begleiter des Jägers und wird in Deutschland, Polen, Tschechien, der Slowakei, Ungarn, Slowenien, Kroatien, Italien, Frankreich, der Schweiz, in Luxemburg ebenso wie in Norwegen und Schweden mit Erfolg geführt.

Im Haus zeichnet sie sich durch ihre Ruhe, Menschenfreundlichkeit und Wachsamkeit aus. Das Eigentum ihres Besitzers verteidigt sie energisch. Durch ihre Körpergröße kann sie leicht im Fahrzeug mitgenommen und – wenn nicht abgelegt – auch auf den Hochstand getragen werden. Ihr dichtes Haarkleid lässt sie auch gegen tiefe Temperaturen unempfindlich sein.

Prüfungsfächer

1.) Schweißarbeit (Riemenarbeit, Verhalten beim erlegten Wild)
2.) Laute Jagd (Art der Suche, Halten der Spur, Spurlaut)
3.) Härte (Verteidigung, Wachsamkeit und Schärfe)
4.) Revierführigkeit (Führigkeit mit und ohne Leine, Gehorsam, Verhalten auf Schuss, Ablegen)

Welpenerwerb

Über Anmeldung bei der Welpenvermittlungsstelle werden die Welpen – gechipt und entwurmt – im Alter ab 8 Wochen vom Züchter abgegeben. Die Klubmitgliedschaft ist dazu unbedingt erforderlich.

Aufgrund der besonderen Zuchtauslese durch den Zuchtwart (Abstammung, Formwert, Jagdgebrauchsprüfung, HD-Untersuchung) und der angewölften Jagdpassion wird die Alpenländische Dachsbracke nur an Jäger abgegeben.

Ausbildung

Als Hilfestellungen für Welpenbezieher bzw. Ersthundeführer bietet der „Dachsbracken-Klub" zum Abrichten der Hunde bis zur Gebrauchsprüfung Übungstage mit erfahrenen Hundeführern an. Dabei werden die einzelnen Prüfungsfächer in diversen Revieren demonstriert und durchgespielt, wie zum Beispiel Legen einer Kunstfährte, Riemenarbeit und Gehorsamsübungen wie Leinenführigkeit, Ablegen, Schussfestigkeit etc. Eine wertvolle Anleitung zur Aufzucht und Führung unserer liebenswerten Hunderasse ist auch das Buch „Die Alpenländische Dachsbracke", das über den Klub bezogen werden kann.

Jagdliche Verwendung der Bracken

Brackierjagd und Nachsuche

Unter Brackieren verstehen wir in Österreich – im Unterschied zu anderen Ländern, in denen die „laute Jagd“ noch mit einer Brackenmeute betrieben wird – das Jagen (als Solojäger) auf den einzelnen Hasen oder Fuchs. Die weidgerecht abgeführte Bracke hat den selbstgehobenen Hasen anzujagen und spurlaut mit tiefer Nase zu verfolgen, bis der Hase wendet und zu seinem gewohnten Lebensraum zurückkehrt. Es ist ein Erlebnis für jeden Jäger, dem herrlichen und wohlklingenden Geläut zu lauschen und den brackierten Hasen an bekannten Hasenplätzen sicher zu erlegen.

Diese Brackierjagd erfordert vom Hund eine feine, empfindsame Nase, Spurwillen, Spursicherheit und Spurtreue. Da die Hasenspur größte Anforderungen an eine Hundenase stellt, dauert diese Jagdart oft lange. Es ist bekannt, dass ein ausdauernder und sehr guter Hasenhund auch ein hervorragender Nachsuchenhund ist.

Die Bracken haben ein ruhiges Wesen, sind anhänglich und bedächtig bei der Nachsuche (verweisen), ausdauernd bei der Hatz auf krankes sowie scharf am gestellten Wild – auch am Schwarzwild. Sie bieten außerdem überzeugende Leistungen bei Bewegungsjagden, sind gewissenhafte Partner für alle Nachsuchen und für den Könner noch etwas mehr!

Faszination Brackieren

Für den Niederwildjäger in den Flachlandrevieren ist es nicht vorstellbar, mehr als einen halben Tag im Revier für einen einzigen Hasen zu verbringen. Oft sogar kehrt der Hasenjäger ohne Beute nach Hause zurück.

Zwei auf einen Streich

Kein Trophäenkult

Die Brackierjagd ist in den Bergen die einzig noch verbliebene Gesellschaftsjagd. Es geht nicht um Trophäen oder um das Wetteifern um Beute; umso mehr Freude bereitet das Geläut der Bracken. Zumeist hängt es von der Geschicklichkeit des Jägers ab, den Wald- oder Schneehasen zu erbeuten. Selten hat der Hund versagt, wenn er gut abgeführt wurde.

Was eigentlich macht die gute Bracke aus?

Die Bracke soll den Hasen so lange spur- oder fährtenlaut jagen, bis er zu seinem alten Einstand zurückkehrt. Für die Hasenjagd ist also das „Ausjagen“ (Zurückbringen) des Wildes von großer Bedeutung. Dieses verlangt vom Hund feinste Nase, einen enormen Spur- bzw. Fährtenwillen und einen lockeren Spur- bzw. Fährtenlaut.

Brackieren wie die Altvorderen!

Die Bracke muss den Hasen oder Fuchs selbstständig suchen, auf keinen Fall darf sie mit halbhoher Nase das Gelände durchstöbern. Der Führer wohlgemerkt hat seinen Platz nicht zu verlassen, bis der Hund von der Suche oder von der Jagd zurückkommt.

Was verwerflich ist

Verwerflich ist es zum Beispiel dann, wenn eine Bracke immer wieder zu der noch warmen Hasenspur gebracht wird. Auf diese Weise eine Hasensuche zu beginnen, entspricht sicher nicht der Vorstellung ambitionierter Hasenjäger. Es geht sogar so weit, dass bei Prüfungen in Niederwildrevieren durch Äcker geschlendert wird. Gelingt es dann, einen Hasen hochzumachen, wird der Hund sofort verblendet (mittels Jacke), weil er den Hasen nicht sehen soll. Schon nach wenigen Minuten wird der Hund dann zur Suche animiert.

Reiz der Hasenjagd

Wer einmal eine Brackade erlebt, bei der der Hase mit gutem Geläut durch das Bergrevier gejagt wird, kommt nie mehr davon los. Das sind Erlebnisse, die des Hasenjägers Herz höher schlagen lassen, auch wenn eine Jagd auf den Schneehasen gänzlich anders verläuft und länger andauern wird als die Jagd auf den Feld- oder Waldhasen. Der Schneehase wird immer wieder verhoffen, um die Verfolgung seines Feindes einzuschätzen, dadurch hinterlässt er jedes Mal aufs Neue eine sehr intensive Witterung. Dies wiederum bedeutet für den Hund: „Jetzt habe ich ihn bald, weil ich ihn ganz deutlich wahrnehmen kann." Nicht umsonst sagten alte Hasenjäger, „der Schneehase ist für den Hund zumeist Schund".

Züchten von Bracken

Züchten ist eine sehr verantwortungsvolle Aufgabe, ist doch in erster Linie der Züchter dafür verantwortlich, wie gut der vierbeinige Helfer wird, mit dem der Hundeführer zukünftig die anspruchsvollen Aufgaben in der Revierpraxis meistern wird.

Wer Bracken züchten will, steht in Österreich nicht alleine da. Die Zuchtwarte der jeweiligen Brackenvereine unterstützen jeden angehenden oder auch schon erfahrenen Züchter bei dieser so heiklen Aufgabe.

Daniela Hoffellner ist für die Brandlbracken und Dr. Johannes Plenk für die Steirischen Rauhaarbracken zuständig. Bei den Tiroler Bracken ist Thomas Plattner als Zuchtwart tätig bei den Dachsbracken Dr. Georg Urak (siehe Kontakte auf den Seiten 18, 19, 20, 22 und 25).

Dr. Johannes Plenk hat für die Neuauflage dieses Buches zum Thema Züchten von Bracken folgenden Text verfasst:

Foto © Fotostudio B. u. G.

Unsere Bracken – ein Produkt der Leistungszucht

Meisterführer Erich Pitzl hat als Jagdpraktiker und Brackenmann dieses Buch geschrieben, in dem er anschaulich und spannend zu lesen erklärt, warum er von allen Jagdhunden gerade den Bracken den Vorzug gibt und warum sie am besten seiner Art zu jagen entsprechen. Nebenbei hat er es in diesem Buch geschafft, praxisnahe Anleitungen zur richtigen Einarbeitung zu geben. Mit Freude habe ich sein Angebot angenommen, für die dritte, überarbeitete und erweiterte Auflage dieses Buches einen kleinen Beitrag über die Zucht von Brandlbracke und Steirischer Rauhaarbracke (nach ihrem ersten Züchter auch Peintingerbracke genannt) zu schreiben.

Diese beiden Brackenrassen werden in Österreich seit mehr als 100 Jahren stammbuchmäßig und nach strenger Auswahl auf jagdliche Leistung gezüchtet. In dieser langen Zeit wurde ausschließlich solchen Bracken die Fortpflanzung erlaubt, die gewisse Anlagen, also erbliche Eigenschaften, bei im Zuchtverein gemeinsam erarbeiteten Prüfungen unter Beweis gestellt haben. Bei unseren Brackenrassen verlangt der Rassestandard feinste Nase, zuverlässigen Spur- und damit auch Fährtenlaut, eisernen Spurwillen und auch ausgeprägte Wildschärfe. Diese Eigenschaften sind es, die ihren vielseitigen Einsatz vom Brackieren im Gebirge bis zum Saufinder und Rottensprenger sowie Nachsuchenhund auf all unser Wild und in jedem Gelände erlauben.

Durch die Zuchtauswahl auf jagdliche Leistung wurde ein Selektionsdruck auf die Population ausgeübt, und so wurden unerwünschte Erbanlagen, etwa das Fehlen der obigen Eigenschaften, aus dem Erbgut dieser Rassen weitgehend verdrängt.

Die Erfahrung der Tierzucht, aber auch die modernen Erkenntnisse der Genetik beweisen, dass diese hart erarbeiteten Eigenschaften ohne diese sorgfältige Zuchtauswahl rasch wieder verloren gehen, und dann schon nach wenigen Generationen nur mehr sporadisch in der Population vorhanden sind.

Schon Ende des 19. Jahrhunderts schlossen sich die Jäger Österreichs zu Jagdhundeprüfungsvereinen zusammen, um die Überprüfung der Jagdhunde auf ihre rassespezifischen Leistungsmerkmale auf eine breite Basis zu stellen, aber auch, um mit abgelegter Prüfung einen Brauchbarkeitsnachweis zu bieten.

Es war auch notwendig, das in gemeinsamen Vereinen zu regeln, vor allem um eine möglichst objektive und nachvollziehbare Prüfungsmethodik zu erarbeiten, ein ständig verfeinerter Prozess, der heute im ÖBV fortgeführt wird.

Ohne eine solche koordinierte Leistungszucht im Verein Gleichgesinnter gäbe es keine brauchbaren Jagdhunde, vielmehr sind die Jagdhunderassen in ihrer heutigen Form erst durch diese gemeinsame Anstrengung entstanden. Natürlich geht die Zuchtauswahl bei unseren Bracken über reine Leistungskriterien hinaus. Das Wesen und die Gesundheit finden genauso Beachtung, ebenso ob die Hunde im Formwert dem Standard entsprechen, das heißt im Aussehen als der Rasse zugehörig erkennbar sind.

Reinrassigkeit ist zwar für sich alleine kein Wert, aber nur wenn die Vorfahren eines Hundes in der Leistung, der Gesundheit und in den anderen Auswahlkriterien bekannt waren und hier den Anforderungen bei der Prüfung entsprochen haben, ist die Wahrscheinlichkeit sehr hoch, das auch er selbst diese Anlagen geerbt hat und daher die Grundvoraussetzung für jagdliche Brauchbarkeit mitbringt. Das kann nur die zuchtbuchmäßige Leistungszucht gewährleisten!

Gerade bei unseren Gebirgsbracken ermöglicht die Prüfung der Brackade, also der lauten Jagd auf der Spur von Fuchs und Hase, den für alle anderen Arbeiten so wertvollen ausgeprägten Spurwillen und lockeren Spurlaut in der Zucht zu erhalten. Das ist umso wichtiger in Zeiten, wo diese Jagdart verpönt bzw. zumindest wenig beliebt ist oder die meisten Bracken hauptsächlich auf der Wundfährte arbeiten oder bei Bewegungsjagden

Schwarzwild und anderes Schalenwild vor die Schützen bringen sollen.

Daraus ergibt sich, dass die Leistung einer Bracke und ihr Wert für die Zucht im Besonderen durch die Noten bei der lauten Jagd festgestellt wird. Egal wie toll das Abstammungspapier aussieht, eine Bracke, die nicht anhaltend ein Stück Wild jagt und dabei Laut gibt, ist keine Bracke!

Gleichzeitig wurde und wird auf Gesundheit großes Augenmerk gelegt, es werden vor dem Zuchteinsatz Untersuchungen wie das bekannte HD-Röntgen verlangt, und der jeweilige Zuchtwart vermerkt auffällige Erkrankungen und Anomalien von der Welpenabnahme an im Zuchtbuch und zieht die notwendigen Konsequenzen.

Da es sich bei den Brandlbracken und Steirischen Rauhaarbracken um verhältnismäßig kleine Rassen handelt, die zusätzlich in ihrer Geschichte mehrfach, etwa durch die zwei Weltkriege, aber auch durch Änderungen in der Jagdpraxis empfindliche Populationsverluste erlitten haben, werden Paarungen ausschließlich von den Zuchtwarten zusammengestellt, basierend auf dem computergestützten Zuchtprogramm Chromosoft.

Dieses Programm kann nicht nur alle gemeinsamen Vorfahren und den Inzuchtkoeffizienten seit Anfang der Zucht errechnen, es dient auch als Prüfungsprogramm bei Anlagen- und Gebrauchsprüfungen. Nur so kann vermieden werden, dass alle Züchter zu ein und demselben Rüden zur Deckung fahren, weil dieser gerade berühmt ist oder zum nächstbesten, weil ihnen die Fahrt sonst zu weit ist. Das ist leider bei vielen zahlenmäßig viel größeren Rassen passiert, bis alle Zuchttiere so nahe mit einander verwandt waren, dass jede Verpaarung genetisch einer Inzuchtverpaarung entspricht.

Wenn die genetische Breite einer Rasse zu gering wird, um weiter so scharf zu selektieren, dass man von Leistungszucht sprechen kann, sollte die Möglichkeit, eine Auszucht durchzuführen genutzt werden. Man muss sich nämlich im Klaren sein, dass jede

Selektion zu einer Verschmälerung der genetischen Basis führen muss.

So wird man zwar unerwünschte Merkmale los und verstärkt die Reinerbigkeit erwünschter Merkmale, aber der Preis dafür ist ein mit jeder Generation zunehmendes Inzuchtniveau. Das geht auf Kosten der Robustheit, der Fruchtbarkeit und auch der Intelligenz.

Da unsere Bracken aber Arbeitshunde sind, die nicht nur im Showring für schön befunden werden sollen, sondern primär für die harte Arbeit bei der Jagd geeignet sein müssen, können wir auf hohe Vitalität nicht verzichten. Beim ÖBV ist diese Möglichkeit, den Brandlbracken frisches Blut zuzuführen, ohne Einbußen bei der Leistung zu erleiden, immer mit großem Erfolg auf folgende Weise genutzt worden: Es werden einzelne Zuchthunde, natürlich solche mit hervorragenden jagdlichen Leistungen, von nah verwandten und in Arbeitsweise und Standard sehr ähnlichen Brackenrassen aus der Region Montenegro und Bosnien mit Zuchthunden unserer beiden Rassen verpaart.

Die Abkömmlinge dieser Paarungen werden dann vor dem Zuchteinsatz sorgfältig ausgewählt, und auf diese Weise wird bei verbesserter genetischer Breite trotzdem der Rassestandard beibehalten (im Gegensatz zu ungeregelten Kreuzungsprodukten!). Nach dreimaliger Rückkreuzung mit reinrassigen Hunden ist dann der Fremdblutanteil deutlich unter 10 %, und der Hund gilt nach FCI-Standard wieder als reinrassig.

Die Steirische Rauhaarbracke ist aus der Kreuzung von rauhaarigen Bracken des Balkans (Rauhaar-Istrianerbracke und Bosnischer Barak) mit hannoverschen Schweißhunden hervorgegangen, und so ist es schlüssig, dass wieder von einer der Stammrassen frisches Blut eingekreuzt wurde und wird. Derzeit läuft mit Erfolg eine derartige Auffrischungszucht mit Bosnischen Rauhaarbracken. Ähnliches gilt für die Brandlbracke, denn bis zum Zerfall der k. u. k. Monarchie wurden alle schwarzroten glatthaarigen Bracken als Brandlbracken bezeichnet, und die Trennung in verschiede Rassen erfolgte aus politischen, aber nicht jagdkynologischen Gründen. Auch bei den Brandln erfolgte eine Auffrischungszucht mit der in Standard und Jagdverhalten ähnlichsten Rasse, dem Montenegrinischen Gebirgslaufhund, am Balkan nicht umsonst Alpski, Alpenbracke, genannt.

So erhält ein wissenschaftlich fundiert und verantwortungsvoll agierender Verein seine Hunderasse auch über viele Generationen leistungsfähig, robust und gesund.

Die von den Vereinen veranlagten Anlagen- und Gebrauchsprüfungen dienen aber nicht nur der Zucht – sie führen auch dazu, dass die Jagdhunde eine bewährte Ausbildung erhalten: Eine Bracke, die die Gebrauchsprüfung bestanden hat, hat dann auch bewiesen, dass sie für die Jagd brauchbar ist! In unserem Fall findet die Bracke auf einer 1000 Meter langen, 24 Stunden alten Kunstfährte zum Stück, im Idealfall stellt die Bracke eine entsprechende Leistung auf der natürlichen Wundfährte unter Beweis.

Es wird bei der Prüfung auch gefordert, dass sie schussfest und gehorsam ist und trotzdem weiträumig suchend eigenständig Haarwild findet, hebt und anhaltend mit gut hörbarem Spurlaut jagt. All das ist ein Beweis dafür, dass sie auch schwierige Nachsuchen und Hatzen bewältigen wird.

Eine Bracke (und auch jeder andere Jagdhund) braucht diese Ausbildung, um brauchbar zu werden, das hat mit „Prüfungssport“ rein gar nichts zu tun! Wer dafür keine Zeit hat oder zu faul ist, wird keinen Hund zum brauchbaren, fermen Jagdhund erziehen können. So wie es nicht weidgerecht ist, mit ungeeigneten Waffen zu jagen, ist auch die Verwendung ungeeigneter Hunde zur Jagd unweidmännisch!

Der ferme Jagdhund muss also ausgebildet sein und muss bei einer Prüfung bewiesen haben, dass er brauchbar ist. Unsere ganze Gesellschaftsordnung beruht vom Gesellenbrief über den Führerschein, von der Jagdprüfung bis zum Jus Practicandi darauf, dass vor der selbstständigen Ausübung verantwortungsvoller

Aufgaben bewiesen werden muss, dass die Befähigung dazu auch vorhanden ist.

Unterstützung für Hundeführer

Der ÖBV bietet dem unerfahrenen Hundeführer viele Übungstage und andere Gelegenheiten, in die Aufgabe der jagdlichen Hundeführung im Rahmen der jeweiligen Landesgesetze hineinzuwachsen. Nebenbei wird nicht zuletzt das Wissen um die Arbeit mit der fermen Gebirgsbracke und die laute Jagd weitergegeben.

Engagierte Hundeführer mit talentierten Bracken werden aber auch von den Leistungsrichtern für Bewegungsjagden und Brackierjagden rekrutiert oder finden Zugang zu Nachsuchenstationen. Dadurch wird die junge Bracke in ihrer Entwicklung von erfahrenen Gebietsführern und ihren Leistungsrichtern wiederholt gesehen, und diese melden ihre Eindrücke mündlich oder mit schriftlichen Erfahrungsberichten an die Zuchtwarte, die sich so ein viel treffenderes Bild der Stärken und Schwächen einzelner Hunde machen können.

Hier schließt sich wieder der Kreis, denn die Zusammenstellung der Paarungen erfolgt nicht nur anhand der Noten bei Prüfungen, des Formwertes und der Gesundheitszeugnisse nach einem Computerprogramm, sondern die Leistungen der Bracken beim realen Jagdbetrieb müssen in diese Entscheidung einfließen.

Die Zuchtauswahl ist daher ohne erfahrene Leistungsrichter wie Erich Pitzl, die die Jagdformen, die geprüft werden, als Hundeführer auch wirklich ausüben, schlicht unmöglich!

Ho Rüd´ Ho und Brackenheil!
Dr. Johannes Plenk
Zuchtwart der Steirischen Rauhaarbracke im ÖBV

Voraussetzungen, um züchten zu dürfen

Wie im Beitrag von Johannes Plenk beschrieben, müssen Bracken einige Stationen durchlaufen, bis sie für zuchttauglich befunden werden. Am leichtesten wird dieses Ziel erreicht, wenn Sie schon mit Ihrem Welpen an den vom ÖBV angebotenen Übungstagen teilnehmen. Unter der fachkundigen Anleitung von Leistungsrichtern und Gebietsführer wird da geübt, und gemeinsam werden die Prüfungsfächer erarbeitet.

Anlageprüfung

Als erste Prüfung mit dem noch jungen Hund (zwischen 6 und 21 Monaten) sollte man die Anlageprüfung ablegen. Bei dieser Anlageprüfung liegt der Schwerpunkt neben den Gehorsamsfächern wie Sitz, Fuß, Platz, Ablegen und Schussruhe auf der Brackade.

Der Zuchtwart will sehen, wie weit die ureigenste Aufgabe der Bracke, eben das Brackieren, bei dem noch jungen Hund schon vorhanden ist und ob er somit eine gute Veranlagung aufzeigt. (Wie Sie Ihrer Bracke das Brackieren erlernen, wird im Unterkapitel „Brackieren“ ab Seite 63 beschrieben.)

Formbewertung

Als nächster Schritt erfolgt eine Formbewertung der Bracke. Lesen Sie nachstehend eine Information zur Formbewertung von Formwertrichter **Wolfgang Wachter,** der gleichzeitig auch Präsident des Österreichischen Brackenvereines ist.

„Eine gültige Formbewertung ist notwendig, um an Gebrauchsprüfungen oder an Einzelprüfungen teilnehmen zu können. Außerdem ist eine Formbewertungsbeurteilung mit der ***Mindestnote GUT*** *Voraussetzung zur Zuchttauglichkeit einer Hündin oder eines Rüden."*

Die Formbewertung bekommt man bei einer **Internationalen Hundeausstellung** oder bei einer **Klubsiegerschau des jeweiligen Vereines,** die meistens zweimal pro Jahr stattfinden. Der Formwert für die Zuchttauglichkeit muss aber von einem **Formwertrichter des jeweiligen Vereines** festgestellt werden! (Die Formwertrichter der Vereine bzw. der Klubs finden Sie auf den jeweiligen Homepages: https://www.bracken.at; https://www.klub-dachsbracke.com; https://www.klub-tirolerbracke.at).

Die Formwertnoten sind **VORZÜGLICH, SEHR GUT, GUT, GENÜGEND, DISQUALIFIZIERT, OHNE BEWERTUNG.**

VORZÜGLICH: kommt dem Idealbild der Rasse nahe, ausgezeichnete Verfassung, ausgeglichenes Wesen, große Klasse und hervorragende Haltung mit typischen Merkmalen seines Geschlechtes.

SEHR GUT: Zeigt typische Merkmale seiner Rasse, ausgeglichenes Wesen, hat klare Merkmale seines Geschlechtes.

GUT: Besitzt Hauptmerkmale seiner Rase, weist Fehler auf, diese dürfen nicht verborgen sein, leichte Defizite bei den Geschlechtsmerkmalen.

GENÜGEND: Entspricht dem Rassetyp, ohne die bekannten Eigenschaften zu unterstreichen oder zu besitzen.

DISQUALIFIZIERT: Entspricht nicht dem vorgeschriebenen Typ, nicht standardgemäßes Verhalten, scheu, feig, aggressiv, Hodenfehler, Zahnfehler, Kieferanomalie, Farb- bzw. Haarfehler, zeigt Fehler, die im Standard als Disqualifizierungsgrund angegeben sind.

OHNE BEWERTUNG: Wenn kein Formwert zuerkannt werden kann, Gangwerk und Bewegungsablauf können nicht beurteilt werde, Gebiss, Gebäude, Rute oder Hoden können nicht beurteilt werden, wenn ein Täuschungsversuch wahrscheinlich ist, bei begründetem Verdacht auf Operationen.

Wie oben erwähnt, reichen die **Noten „VORZÜGLICH" bis „GUT" zur Zuchttauglichkeit.** Der Grund, warum ein „GUT" ausreichend ist, ist folgender: **FORM FOLGT FUNKTION,** denn die Hunde stehen im Jagdgebrauch, gehören zur Gruppe der Laufhunde. Das heißt, vor allem der Bewegungsapparat muss in Ordnung sein.

Ausschließungsgründe für die Zucht

Hier sind vor allem vererbbare Mängel anzuführen:

Erkrankung der Augen (Entropium, Ektropium)

Hodenfehler (Einhoder oder beide Hoden sind in der Bauchhöhle geblieben)

Zahnfehler (Vorbeißer, Rückbeißer, mehr als zwei P1 oder P2), Haarkleid (extreme Abweichungen)

Fehler bei der Hüfte oder der Schulter (muss durch ein Röntgen von einem Tierarzt festgestellt werden).

Trotz dieser auftretenden Mängel können diese Hunde jedoch brauchbare Jagdhunde sein!

Präsentation des Hundes bei einer Formbewertung

Hier hat der Besitzer die Möglichkeit, seinen Hund im besten Licht darzustellen. Natürlich ist auch hier Kenntnis und Übung angesagt.

Der Hund muss **ruhig an der Leine gehen**. Hunde werden im Bewertungsring im Dreieck und im Kreis vorgeführt, im ruhigen Schritt und im Laufen. Ständig sitzende Hunde sind nicht zu beurteilen. Zerren in eine Richtung ist ganz schlecht (Schieflage des Körpers). Auch das Kommando „Steh!" muss der Hund kennen. Der Hund muss auch gepflegt aussehen. **Gute Haar- und Zahnpflege** hebt ohnehin das Wohlbefinden unserer Hunde. Damit der Hund die Überprüfung folgender Kriterien gewohnt ist, bedarf es folgender Übungen schon vom Welpenalter an:

- seitliches Hochziehen der Lefzen, denn bei der Formbewertung wird auch eine Zahnkontrolle durchgeführt, um die Lage der Schneidezähne (Vorbeißer, Rückbeißer) sowie die Anzahl der Prämolaren und Molaren zu überprüfen,

- Griff an die Hoden sowie Größenmessung am Widerrist – auch diese beiden Überprüfungen werden vorgenommen.

Für ungeübte Hunde sind diese Überprüfungen ungewohnte Situationen, die möglicherweise zu aggressivem Verhalten oder Verweigerung führen können – diese Hunde werden aus dem Ring verwiesen und **es gibt keine Bewertung!** Also noch einmal der eindringliche Tipp: Üben Sie mit Ihren Hunden diese Situationen vom Welpenalter an!

Für alle Hunderassen existiert ein FCI-Standard, der das äußere Erscheinungsbild beschreibt. Das ist für die Brandlbracke Nr. 63, für die Steirische Rauhaarbracke Nr. 62, für die Tirolerbracke Nr. 68, und für die Dachsbracke Nr. 254. Der Standard der einzelnen Bracken ist auf den jeweiligen Homepages nachzulesen (beim ÖBV auch im Shop unter Zuchtordnung und Standard zu bestellen).

Am beeindruckendsten ist eine Formbewertung im Rahmen einer Klubsiegerschau, wie sie z. B. bei Jahreshauptversammlungen des ÖBV stattfindet. Da sind meistens bis zu 100 Bracken anwesend, die bewertet werden, und es ist schon ein tolles Erlebnis, wenn von denen dann die schönste Bracke ausgewählt wird.

Die abgelegte Formbewertung ist die Voraussetzung, um dann zur Gebrauchsprüfung antreten zu dürfen.

Gebrauchsprüfung (GP)

Informieren Sie sich bei den einzelnen Brackenvereinen (Kontakte siehe S. 18, 19, 20, 22 und 25), wann die Gebrauchsprüfungen stattfinden – wichtig ist, sich rechtzeitig zur Prüfung anzumelden.

Was wird geprüft?

Bei der GP wird neben den **Gehorsamsfächern** und der **Brackade** schwerpunktmäßig die **Schweißfährte** geprüft. Auf ca. 1000 Metern wird die Fährte nach 24 Stunden bei der Prüfung ausgearbeitet.

Ein **Pflichtfach** dabei ist auch das sorgfältige **Totverweisen.** Dabei muss die Bracke ca. 100 Meter alleine zum Stück arbeiten, dann ihren Führer herbeiholen und ihm das gefundene Stück zeigen. Näheres darüber finden Sie im Kapitel **„Einarbeiten auf der Schweißfährte“** (S. 72).

Wichtige Überlegungen vor Beginn einer Zucht

Wenn Sie mit Ihrer Bracke die Gebrauchsprüfung und die Formbewertung abgelegt und laut Zuchtordnung die nötigen Voraussetzungen für die Zucht erreicht haben, steht eigentlich einer Zucht nichts mehr im Wege, wäre da nicht noch ein ganz wichtiger Punkt – **nämlich Ihre eigene ehrliche Einschätzung Ihrer Bracke.**

Nur Sie kennen Ihren Hund (hoffentlich) wirklich, wie er in der Praxis ist. Sehr viele Jagdhunde schaffen die geforderten Prüfungen, aber nicht alle überzeugen dann in der Praxis. Sie sollten sich also fragen, ob Sie hundertprozentig davon überzeugt sind, dass der Hund, mit dem Sie züchten wollen, all den Anforderungen dieser Rasse auch voll entspricht. Dazu zählen folgende wichtige Eigenschaften (diese Anforderungen gelten natürlich gleichermaßen für Hündinnen wie auch für Deckrüden):

- Löst sich Ihre Bracke weiträumig vom Führer?

- Sucht sie systematisch und findet Wild?

- Jagt sie anhaltend spursicher und spurlaut (nicht nur 10 Minuten)?
- Findet sie nach der lauten Jagd auch zurück zum Führer (Orientierungssinn)?

- Wenn sie wehrhaftes Wild gefunden hat (Schwarzwild), bedrängt sie es schneidig und nicht kopflos?

- Stellt sie krankes Wild schneidig und ausdauernd?

- Verfügt sie über das nötige Nervenkleid, um in kritischen Situationen nicht ängstlich zu reagieren (z. B. Angriffe einer Sau)?

- Hat sie ausreichend Wildschärfe, sodass sie z. B. Rehwild abfängt und Raubwild abtut?

- Hat sie den Finderwillen, damit sie auch sehr lange (mehrere Kilometer) und alte (24 Stunden oder älter) Wundfährten passioniert arbeitet?

- Ist sie schussfest?

- Ist sie Menschen gegenüber verträglich?

Wenn Sie diese Fragen mit Ja beantworten können, bitte **züchten Sie!** Denn solche Hunde brauchen wir zum Jagen, schließlich führen wir **„Jagdgebrauchshunde“.**

Ist die Entscheidung zum Züchten gefallen, dann teilen Sie das bitte Ihrem Zuchtwart mit.

Der nächste Schritt sollte dann die **HD** (Hüftdysplasie)-Untersuchung sein. Das dazu notwendige Formular finden Sie auf der Homepage des jeweiligen Brackenvereins oder Klubs.

Ist auch diese positiv ausgefallen, dann brauchen Sie noch das vorgeschriebene **Züchterseminar.** Bei diesem erfahren Sie von den **Zuchtwarten** alle Details zum Züchten, auch wie man zu einem Zwingernamen kommt.

Wenn das alles erledigt ist, können Sie sich dann schon Gedanken machen, wann der erste Wurf kommen soll. Dabei ist es wichtig, die Empfehlung des Zuchtwartes einzuholen. Er weiß, wie viele Würfe wann geplant sind. Gibt es zu viele Würfe zur gleichen Zeit, kann es zu Absatz-Engpässen kommen.

Genaue Planung vor der Zucht

Einen Wurf großzuziehen ist eine sehr zeitaufwendige Angelegenheit, die vorab gut durchdacht und geplant werden sollte.

- Wo sollen die Welpen geboren und aufgezogen werden?

- Wer passt wann auf die Welpen auf?

- Wer hat wann Urlaub?

Schon im Vorhinein sollten Sie den Zwinger oder Schuppen, den Garten oder die Wohnung adaptieren, damit auch rechtzeitig alles vorbereitet ist.

Das Decken

Zeitpunkt zum Decken

Ist das alles geklärt, sollten Sie Ihre Hündin genau beobachten, um den richtigen Zeitpunkt des Deckaktes nicht zu übersehen. Hündinnen werden meistens zwischen dem sechsten und achten Lebensmonat das erste Mal läufig. Die Läufigkeit wird dann in einem regelmäßigen Zyklus von sechs Monaten wiederholt. Man kann also berechnen, wann die nächste Läufigkeit sein wird und somit die Wurfplanung machen.

Das ist bei den meisten Hündinnen so, aber nicht bei allen und nicht immer. Wie Sie beim Züchterseminar erfahren werden, können Hündinnen auch bis zu viermal im Jahr läufig werden, genauso können Läufigkeiten aussetzen oder sich der Zeitpunkt verlagern (z. B. kann sich der Zyklus durch eine Krankheit verändern). Ein aufmerksamer Hundeführer merkt aber sehr genau, wenn seine Hündin läufig wird.

Ihr Verhalten ändert sich, sie wird anhänglicher, liebesbedürftiger, ihre Schnalle (Vulva) schwillt leicht an, und sie beginnt zu „färben", das heißt, sie verliert blutfarbene Tropfen.

Dieser Zeitpunkt ist auch maßgebend für den Deckakt. Hündinnen können zwischen dem zehnten und fünfzehnten Tag nach Beginn des „Färbens" erfolgreich gedeckt werden. Am erfolgversprechendsten sind der elfte bis dreizehnte Tag. Doch auch hier gibt es von Hündin zu Hündin Abweichungen.

Man ist daher gut beraten, die Hündin genau zu beobachten. Krault man die Hündin an der Schwanzwurzel und sie präsentiert die Vulva (legt den Schwanz zur Seite), dann steht die Hündin, das heißt, sie ist bereit für den Deckakt. Den genauen Zeitpunkt des Deckaktes kann auch der Tierarzt feststellen.

Der Deckakt selbst kann sehr unterschiedlich ablaufen, ist aber abhängig vom richtigen Zeitpunkt!

Der Deckakt

Passt der Tag, dann geht es meistens sehr schnell. Ein kurzes Kennenlernen, herumbalgen, der Rüde riecht und schleckt am Genital der Hündin und versucht sie zu besteigen. Gelingt es dem Rüden einzufahren, wird er mit heftigen Erektionsbewegungen versuchen, auch den Penisknoten einzuführen.

Wenn auch das der Fall ist, dann steigt der Rüde um, die beiden „hängen" jetzt Po an Po oder hinten herum zusammen. Dieses „Hängen" kann bis zu sechzig Minuten dauern, und dabei gibt der Rüde die Samenhauptfraktion ab.

Achtung, „hängende" Hunde bitte nicht versuchen zu trennen, auch wenn Schmerzäußerungen zu hören sind!

Das sogenannte „Hängen“ ist im Normalfall die Garantie, dass eine Befruchtung stattgefunden hat. Theoretisch könnte auch eine Befruchtung stattfinden, ohne dass die Hunde hängen, das ist aber ganz selten der Fall.

Es ist grundsätzlich nicht notwendig, einen zweiten Deckakt einige Stunden nach dem ersten Akt zu wiederholen, es wird aber aus Sicherheitsgründen gerne praktiziert.

Da Hündinnen mehrere Tage aufnahmefähig sind, kann – wenn es beim ersten Rüden nicht funktioniert – auch noch ein anderer (natürlich vom Zuchtwart zugewiesener) Rüde aufgesucht werden.

Daher dürfen Sie Ihre läufige Hündin auch nach dem Decken nicht aus den Augen lassen, sonst kann es passieren, dass auch der Nachbarhund noch Vater wird, denn zwei Väter bei einem Wurf sind durchaus möglich!

Immer wieder kann es auch zu Problemen beim Decken kommen. Die Gründe sind unterschiedlich:

- Falscher Deckzeitpunkt (nicht immer merkt man den ersten Tag des „Färbens“).

- Die Deckbereitschaft ist bei jeder Hündin anders (zehnter bis fünfzehnter Tag).

- Es gibt auch Antipathien zwischen Hündin und Rüde.

- Auch die Unerfahrenheit kann dazu führen, dass der Deckakt nicht gelingt.

- Sympathisieren beide Hunde und kommt es trotzdem zu keinem Deckakt, dann ist der Tag falsch, es kann aber auch sein, dass es schon zu spät ist.

Für solche Situationen finden Sie hier einige Tipps aus der Praxis:

- Lassen Sie beide Hunde in einem großen Garten (eingezäunt) herumtollen, die Bewegung animiert.
- Oft wollen Hunde auch unbeobachtet sein.
- Gelingt der Deckakt nach zwei bis drei Stunden nicht, dann bitte den Rüden wegsperren, um ihm eine Erholungspause zu gönnen.

„Rechte und Pflichten" des Deckrüdenbesitzers

Hat der Deckakt funktioniert, füllen die Besitzer der Hündin bzw. des Deckrüden gemeinsam das Formular **„Deckbescheinigung"** aus und schicken es an den Zuchtwart. Die vorgeschlagene Deckgebühr ist derzeit pro aufgezogenem Welpen 8 % des Welpen-Verkaufspreises und wird nach dem Verkauf der Welpen vom Züchter an den Deckrüdenbesitzer überwiesen. Als Deckrüdenbesitzer soll man auch Verantwortung für den bevorstehenden Wurf übernehmen: Der Rüdenbesitzer soll sich aktiv beim Verkauf der Welpen einbringen und mithelfen, dass möglichst viele Welpen des Wurfes zumindest die Anlageprüfung ablegen. Wenn die Nachkommen der Elterntiere dabei gute Veranlagung zeigen, kann eine weitere Zucht angedacht werden. Zuerst müssen aber die Nachkommen zeigen, was sie können!

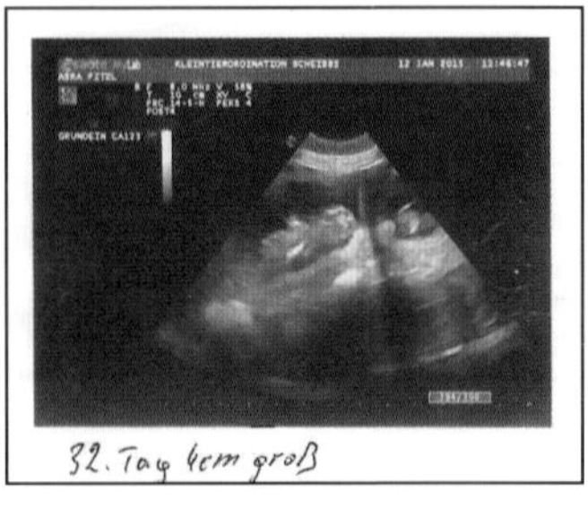

Ultraschallbild am 32. Tag, Föten ca. 4 cm groß.

Vorbereitungen während der Trächtigkeit

Nach einem erfolgreichen Deckakt werden Hündinnen meistens ruhig im Verhalten. Um sicherzugehen, dass die Hündin trächtig ist, kann man ab dem 26. Tag bei einer Ultraschalluntersuchung die Föten erkennen, es ist aber oft nicht möglich festzustellen, wie viele Föten es sind.

Mit einem Röntgen ab dem 53. Tag ist auch eine Zählung möglich. Die Dauer der Trächtigkeit liegt zwischen 58 und 66 Tagen. Hat die Hündin sehr viele Welpen inne, dann ist ein früherer Geburtstermin wahrscheinlich. Das war auch bei meiner Hündin Asra der Fall, sie warf zwölf gesunde Welpen ohne Komplikationen am 57. Tag.

Um die Hündin bei der Geburt nicht unnötig zu stressen, sollte man sie ca. 14 Tage vor dem Setzzeitpunkt an den Platz gewöhnen, wo sie ihre Welpen bringen und aufziehen kann. Nach meiner eigenen Erfahrung hat sich eine **zweiteilige Wurfbox** sehr gut bewährt.

Die eine Hälfte der Wurfbox ist eine geschlossene Kiste (ca. 90 x 70 x 70 cm) mit einem Deckel zum Öffnen und einem Ausgang. In dieser eher klein gehaltenen „Wurfhöhle" fühlt sich die Hündin sicher, und sie kann diese „Höhle" auch mit ihrem Körper erwärmen. Sollte es sehr kalt sein, kann man eine Wärmelampe anbringen (bedenken Sie aber, dass Welpen am besten sehr natürlich aufwachsen sollten. In einem Fuchsbau gibt es auch keine Zentralheizung).

Die zweite Hälfte der Wurfbox ist ein nach oben offener Teil, in den die Welpen hinauskriechen, den sie aber nicht verlassen können. Die Hündin sollte aber über die Abgrenzung steigen können und somit die Welpen verlassen dürfen, wenn sie will. Hat sich die Hündin rechtzeitig an diese Wurfbox gewöhnt, wird sie dort ihre Welpen zur Welt bringen.

Die Geburt

Die bevorstehende Geburt merkt man der Hündin an: starke Unruhe, Nestbau, starkes Hecheln sind Zeichen dafür, viele Hündinnen wollen auch, dass jemand bei ihnen ist.

Bei Beginn der Wehen nimmt die Hündin eine für sich bequeme Lage ein, schleckt immer wieder die Schnalle, der erste Welpe kommt dann meistens unter großen Schmerzen, oft winseln oder schreien Hündinnen dabei, bis der Welpe im Geburtskanal ist.

Helfen kann man der Hündin nur durch beruhigendes Handauflegen und leichtes Massieren ihres Bauchs, sofern sich die Hündin das gefallen lässt. Ist der erste Welpe da, nimmt ihn die Hündin zu sich, frisst die Eihaut weg und nabelt den Welpen ab. Das Abnabeln kann auch der Züchter durchführen, wenn er zurechtkommt (ca. 2 cm der Nabelschnur dranlassen). Die Hündin schleckt den Welpen ab, dadurch wird er „trockenmassiert“ und seine Lebensgeister erwachen. Nach einer kurzen Erholungsphase beginnt der Welpe schon nach den Milchzitzen zu suchen.

Der zweite Welpe kommt dann meistens schon ohne Schmerzenslaute der Hündin zur Welt, da er ja schon im Geburtskanal ist. Im Abstand von zehn bis zwanzig Minuten drückt die Hündin ihre Welpen, meistens umgeben von der Eihaut, zur Welt. Nach drei bis vier Welpen kommt es dann meistens zu einer längeren Pause, es kann auch bis zu einer Stunde dauern, bis der nächste Welpe geboren wird. Bei größeren Würfen kann sich so ein Geburtsakt bis zu 24 Stunden hinziehen.

Die Nachgeburten erscheinen etwa fünf bis zehn Minuten nach jedem Welpen und werden von der Hündin gefressen, die so versucht, den Geburtsort sauber zu halten. Bei größeren Würfen sollten Sie versuchen, die Nachgeburten schnell zu entsorgen, damit die Hündin nicht alle fressen muss. Wichtig ist, dass die Hündin während des Geburtsvorganges nur von der Person ihres Vertrauens betreut und beruhigt wird. Störungen durch fremde Personen sollten tunlichst vermieden werden.

Ganz wichtig ist es, dass man mit dem betreuenden Tierarzt in Verbindung ist. Sollte die Hündin trotz starker Wehen keinen Welpen bringen können, sollte so rasch wie möglich der Tierarzt verfügbar sein, um eventuell helfend eingreifen zu können (z. B. bei Querlage eines Welpen). Dass alle Welpen das Licht der Welt erblickt haben, merkt man, wenn die Hündin mit den Wehen aufhört. Aber Vorsicht, längere Pausen können zwischen den Geburten schon vorkommen. Auf alle Fälle sollte der Tierarzt nach Beendigung der Geburt mittels Ultraschall kontrollieren, ob alle Welpen da sind.

Nach der Geburt

Da so ein Geburtsakt sehr anstrengend ist, braucht die Hündin viel Ruhe, ungestört sollte sie sich der Welpenpflege widmen können. Die blind und taub geborenen Welpen werden von der Mutter immer wieder geleckt, dadurch wird ihr Harn- und Kotabsatz angeregt, dieser wird von der Hündin bis zur dritten Lebenswoche aufgenommen. So hält die Hündin ihre „Wurfhöhle" sauber.

Ab der ersten Stunde ihres Lebens bemühen sich die Welpen, nach dem Geruch die Milchzitzen zu finden. Sie drängeln, wenden sich, drücken sich an die Hündin, und wenn endlich eine Zitze gefunden ist, beginnen sie sofort zu saugen. Es ist sehr lehrreich für Welpen, die Zitze alleine zu finden – ohne die gutgemeinte Hilfe des Züchters. Das ist ein überlebenswichtiger Reflex, und wenn dieser nicht vorhanden ist, wird der Welpe nicht überleben.

Wenn sich die Hündin um einen Welpen nicht kümmert, ihn also nicht putzt und ihn nicht zu sich nimmt, dann ist bei diesem Welpen irgendetwas nicht in Ordnung, und er wird nicht überleben. Hündinnen spüren das ab der ersten Minute. Bemühungen des Züchters, diesen Welpen durchzubringen, schlagen meistens fehl. Die Natur trifft hier meistens die richtige Auswahl!

Hier ein Beispiel aus meiner Erfahrung als Züchter

Von den zwölf Welpen, die Asra im Juli 2011 zur Welt brachte (ihr erster Wurf – Asra ist eine F1-Hündin) war einer deutlich kleiner und geringer als die anderen. Im Normalfall haben Hündinnen acht milchführende Zitzen. Asra hatte das fünfte Paar Milchzitzen (ganz vorne hinter den Vorderläufen) auch noch aktiviert, das heißt zehn Welpen konnten gleichzeitig gesäugt werden. Dementsprechend groß war auch das Gedränge am „Buffet".

Für „Basil", so hieß der kleinste Welpe, war das eine sehr anstrengende Zeit, denn er wurde immer wieder von seinen größeren Geschwistern weggedrängt. In den ersten paar Tagen sah es so aus, als würde er diesen Kampf nicht überleben. In dieser Phase war es sehr hart, nicht helfend einzugreifen, aber wir waren uns einig, „Mutter Natur" die Entscheidung zu überlassen.

Schnell hatte Basil gelernt, dass er von der Seite, von der alle seine Geschwister zu den Zitzen hinkrochen – nämlich von der Bauchseite her –, keine Chance hatte. Seine „Nahrungskonkurrenten" waren zu viele und zu stark. Also suchte er einen anderen Weg.

Mit großer Anstrengung kroch Basil über den Rücken der Hündin hoch und startete den Angriff zu den Zitzen von oben, und siehe da, er gewann diesen Kampf! Nach oben konnten ihn auch seine starken Geschwister nicht wegschieben, und er überlebte. Und wie er überlebte!

Bei der Wurfabgabe in der 10. Lebenswoche war Basil zwar noch immer der kleinste des Wurfes, aber bereits ab der 4. Woche hatte Basil angefangen, seine Geschwister in manchen Belangen zu überflügeln. Schnell, wendig und furchtlos erkämpfte er sich den besten Platz, den größten Futterbrocken, das schönste Spielzeug etc.

Basil hatte gelernt, sich durchzusetzen. Das wiederum hat sein ganzes Leben geprägt. Mit seiner Erfahrung von Geburt an, dass Anstrengung zum Erfolg führt, ist es für Basil normal, einen Hasen eine Stunde oder länger zu brackieren. An die schwierigen Haken und Wiedergänge geht er so lange ran, bis er sie auflöst und weiterfindet. Bei kilometerlangen Nachsuchen unter schwierigsten Umständen gibt es für Basil kein Aufgeben, verbissen arbeitet er die Fährte bis zum Schluss. Ohne zu zögern zieht Basil Rehwild nieder, fängt Raubwild ab, bindet Schwarzwild bis ca. 20 kg am Platz, stellt schneidig größeres Wild und hat auch schon einige kranke Stücke Rotwild niedergezogen.

Basil hatte auch das Glück, dass er mit meinem Enkel Gerhard einen Führer fand, der ihm die Möglichkeit für seine positive Entwicklung bieten konnte.

Basil ist aber nicht nur in der Praxis sehr gut, er hat auch bei den Prüfungen gezeigt, was er draufhat und darf sich stolz „Österreichischer Jagdhunde-Prüfungssieger" nennen. Das wird man, wenn man zwei Gebrauchsprüfungen mit einem ersten Preis gewonnen hat!

Die Schattenseite dabei ist leider, dass Basil, der ja gelernt hat, sich durchzusetzen, das leider auch macht, wenn ihm ein anderer Rüde frech entgegenkommt. Ohne Warnung erfährt der andere Rüde, wer hier das Sagen hat. Aber das Positive überwiegt bei weitem.

Basil ist mittlerweile 8 Jahre alt und hat sich mit einer Schulterhöhe von 56 cm zu einem stattlichen Rüden entwickelt. Foto © Fotostudio B. u. G.

Sauberkeit: Hündinnen sind von Natur aus sehr darauf bedacht, ihre „Wurfhöhle" sauber zu halten. Aus hygienischen Gründen, aber auch, um mit dem Geruch keine „Feinde" anzulocken.

Am besten gibt man Tücher in die Wurfkiste, die man, wenn sie durch den Geburtsakt mit Blut verunreinigt sind, einfach gegen frische austauscht. Unsere Hündin Asra schob die verschmutzten Tücher, wenn wir sie nicht sofort weggegeben haben, gleich in eine Ecke zusammen und reinigte danach auch peinlich genau den Boden der Wurfkiste. Solche Arbeiten darf der Züchter aber gerne der Hündin abnehmen. Auch später hält die Hündin ihren Wurf durch das Lecken der Welpen sauber. Kot und Harn werden von der Hündin aufgenommen. Als Züchter sollte man aber mithelfen, die **Wurfkiste sauber** zu halten.

Nahrung: In den ersten zwei Tagen wird die Hündin keine Nahrung zu sich nehmen, da sie durch das Ablecken und durch das eventuelle Fressen der Nachgeburten satt ist. Hier noch einmal der Hinweis: Ein paar Nachgeburten kann die Hündin ohne weiteres fressen, sind es jedoch viele, sollten diese vom Züchter entsorgt werden. Frisches Wasser sollte aber in ausreichender Menge angeboten werden.

Aufgaben des Züchters: Hat sich die Hündin nach dem Setzakt beruhigt, beginnt für den Züchter die Arbeit. An den Zuchtwart muss umgehend die Wurfmeldung erfolgen: Er muss die Anzahl der Welpen angeben und zusätzlich, wie viele weibliche und wie viele männliche Welpen es sind. Auch der Deckrüden-Besitzer ist zu informieren (beides schriftlich).

Von den zuständigen Vereinen bekommt man das **Wurfstatistikblatt** (von der Homepage runterladen) welches genau zu führen ist. Um die Welpen auseinanderhalten zu können, bekommt jeder Welpe ein andersfärbiges Halsband. Dann wird jeder Welpe genau untersucht und gewogen.

Eingetragen werden auf diesem Wurfstatistikblatt folgende Informationen zu jedem einzelnen Welpen:

- handelt es sich um eine Hündin oder einen Rüden,
- Geburtsgewicht von jedem einzelnen Welpen (Gewichtsänderungen werden jede Woche neu erfasst),
- eventuell Angabe des Namens,
- hat der Welpe Wolfskrallen oder nicht (5. Zehe an den Hinterläufen an der inneren Seite; diese können für den Hund später unangenehm werden und sollten vom Tierarzt entfernt werden).

Wenn alles normal abläuft, hat der Züchter in den ersten drei Wochen verhältnismäßig wenig Arbeit mit dem Wurf. Die Welpen werden ausschließlich durch die nahrhafte Muttermilch ernährt – natürlich sollte eine säugende Hündin (laktierende Hündin) ausreichend **hochwertiges Futter** verabreicht bekommen.

Bei unserer Hündin Asra ist offensichtlich noch sehr viel „Urinstinkt“ vorhanden, denn sie begann eine Woche vor der Geburt ihrer Welpen zu stehlen – was sie sonst nie tat. In unbeaufsichtigten Momenten stahl sie vom Tisch oder vom Küchenkastl alles, was zu fressen war. Saustelze, Schnitzelfleisch, eine Stange Wurst, Butter, Käse usw. Nur Brot war vor ihr sicher. Das alles vergrub sie im Garten. Asra legte, so wie es z. B. auch Fuchsfähen machen, Vorrat an, da sie ja in der Woche nach der Geburt keine Zeit haben, zu jagen. Wochen später verzehrte sie dann gemütlich den für sie wahrscheinlich „wohlriechenden“ vorsorglich angelegten Vorrat.

Die **Gewichtskontrolle** der Welpen ist absolut notwendig. Das Geburtsgewicht sollte sich bis zum Ende der 2. Lebenswoche verdoppelt haben. Ist die Gewichtszunahme zu gering, könnte es sein, dass die Hündin zu wenig Milch produziert. Ist das der Fall, sollte man den Tierarzt zu Rate ziehen, oder milchproduzierendes Futter verabreichen.

Der Zeitraum von der 4. bis zur 10. Lebenswoche

Es ist schon ein schönes Erlebnis, zu sehen, wie die Welpen heranwachsen. So um den 10. Tag öffnen sich ihre Augen, mit 14. Tagen versuchen sie schon, aufzustehen. Ihr Bewegungsradius wird von Tag zu Tag größer. So ab der 4. Woche sollte man dann mit dem Dazufüttern beginnen. Hierfür gibt es am Markt eine große Auswahl an **Welpenfutter,** wo auch die genaue Dosierung angegeben ist.

Ab dem Zeitpunkt, von dem an dazugefüttert wird, entsorgt die Hündin die Ausscheidung der Welpen nicht mehr. Der Züchter ist jetzt alleine zuständig für die **Reinigung der Zuchtstätte.**

Foto © Fotostudio B. u. G.

Ab jetzt ist auch der richtige Zeitpunkt, die Welpen ins Freie zu lassen. Am besten ist, man richtet einen richtigen **Abenteurerspielplatz** für die Welpen her. Möglichkeiten zum Raufklettern, Durchkriechen, Spielzeug zum Beißen, Umhertragen und Schütteln, kurze Seilstücke zum Zerren und vieles mehr sollte da vorhanden sein. Je mehr die Welpen in diesem Alter erfahren können, umso besser sind sie für das spätere Leben gerüstet.

Ab der 6. Woche sollten die Welpen auch schon **Kontakt zu frischem Wild** haben. Hasen- oder Rehläufe, ein Stück Schwarte von einem Wildschwein usw. sollte schon ihr Interesse wecken. Auch mit der Reizangel kann schon begonnen werden. Sehr viel lernen die Welpen auch bei gemeinsamen Spaziergängen mit der Mutterhündin im Wald oder an kleinen Bächen.

Foto © Fotostudio B. u. G.

Zwischen 4. und 10. Lebenswoche sollte der Welpe sehr viel **kennenlernen.** Neben Wiese, Wald, Wasser etc. sollen Welpen aber auch mit dem glatten Fußboden im Haus, mit verschiedenen Lärmquellen – wie Radio, Staubsauger, Lastautos und vielem mehr konfrontiert werden. Auch der Kontakt zu fremden Personen, insbesondere zu Kindern, ist enorm wichtig für die Sozialisierung.

Foto © Fotostudio B. u. G.

Aber auch gemeinsame kurze Fahrten mit dem Auto dienen als sehr gute Vorbereitung für den Tag, wo die Welpen dann ihre Reise zu ihrer neuen Heimat antreten.

In dieser Phase zeichnet sich ein guter Züchter aus. Je mehr er mit seinen Welpen unternommen hat, umso bessere Rückmeldungen von den Welpenkäufern wird er erhalten, und umso besser werden auch die Prüfungsergebnisse seines Wurfes sein.

Wenn man rund neun bis zehn Wochen die Welpen aufzieht, kennt man auch die **Charaktere der einzelnen Welpen.** Diese Erkenntnis sollte man auch an die Welpenkäufer weitergeben. Genauso wichtig ist es, für jeden Welpen den richtigen Besitzer zu finden: Es gibt Hundeführer, die wollen und brauchen ein Alphatier, andere wollen lieber einen eher gemütlichen Welpen, einige glauben, Hündinnen sind leichter zu führen als Rüden (stimmt aber nicht), andere wieder sagen von Haus aus, dass sie niemals züchten werden usw.

Welpen in die richtigen Hände zu geben, ist sicher eine sehr schwere Entscheidung. Ich habe dabei auch immer meine Hündin mitbestimmen lassen. Wenn diese einen Käufer nicht mochte, bekam er auch keinen Welpen von uns. Ich bin überzeugt, dass diese Entscheidung immer richtig war.

Der Verkauf der Welpen

Wem der Züchter seine Welpen verkauft, entscheidet alleine der Züchter. Der ÖBV sowie die Klubs Dachsbracke und Tiroler Bracke unterstützen ihn aber dabei, indem der Wurf auf der Homepage des Vereins bzw. der Klubs aufscheint. Die meisten Welpen werden heute über den Kontakt auf den Homepages verkauft.

Auch den **Welpenpreis** bestimmt der Züchter. Von Seiten des Vereines bzw. der Klubs gibt es jedoch Preisempfehlungen. Der empfohlene Welpenpreis setzt sich zusammen aus:

- Welpe ist entwurmt, geimpft, gechipt (der Chip wird dem Züchter vom Verein bzw. den Klubs beigestellt und beinhaltet auch die Zuchtbuchnummer)

- Wurf- und Welpenabnahme durch Tierarzt und Zuchtwart

- Züchterbeitrag und Rasseförderungsbeitrag

- Deckgebühr pro aufgezogenem Welpen für den Deckrüdenbesitzer

Bevor man den Welpen abgibt, ist also einiges zu erledigen. So muss man rechtzeitig dafür sorgen, dass die Welpen geimpft und gechipt sind. Der Tierarzt muss ein **„Welpenabnahmeblatt“** ausfüllen, in dem festgehalten wird, ob der Welpe vollkommen gesund ist oder eventuelle Mängel aufweist.

Der Zuchtwart stellt bei der Wurfabnahme ein **Wurfabnahmeblatt** aus. Da wird auch ganz genau angeführt, ob jeder einzelne Welpe in Ordnung ist, oder ob eventuelle Mängel zu erkennen sind (z. B. Zahnfehler, Augenlieder nicht in Ordnung, ein Nabelbruch oder eine Knickrute, das Fehlen eines Hoden). Kleine Mängel können sich eventuell auswachsen, sind größere Mängel vorhanden, die sich nicht mehr auswachsen werden, so wird man dem Käufer beim Welpenpreis entgegenkommen kommen müssen.

Mit der Untersuchung durch den Tierarzt und den Zuchtwart kann der Welpenkäufer genau sehen, was er kauft. Auch für den Züchter ist die Überprüfung durch den Tierarzt und den Zuchtwart eine Absicherung. Wenn er einen Welpen verkauft hat, der schriftlich dokumentiert keine Fehler aufweist, kann der Käufer später nicht mit etwaigen Forderungen an den Züchter herantreten.

Wie Sie meinen Schilderungen über das Züchten entnehmen können, ist Züchten eine sehr verantwortungsvolle Tätigkeit, die mit viel Zeitaufwand und Arbeit verbunden ist. Reich wird man damit auch nicht, aber es ist ein wunderschönes Erlebnis, Welpen aus seiner Zucht heranwachsen zu sehen. Und es macht stolz, wenn später Bracken aus der eigenen Zucht gute Leistungen bei Prüfungen oder in der Praxis abliefern.

Meine Zeilen übers Züchten sollen Ihnen einen kurzen Überblick verschaffen. Wenn Sie sich ernsthaft überlegen, mit dem Züchten zu beginnen, dann besuchen Sie auf alle Fälle das Züchterseminar Ihres Vereines bzw. Klubs. Auch auf den Homepages können Sie sehr genaue Informationen über das Züchten nachlesen. Ein sehr guter Ratgeber zum Thema Züchten ist auch das Buch „Hunde züchten“ von Frank Jackson aus dem Verlag von Oertel und Spörer.

Ausbildung der Bracke

Salopp könnte man sagen: Man nehme ca. 3 bis 4 kg frische Bracke, ca. 10 Wochen alt, dazu viel, viel Zeit, jede Menge Geduld, eine starke Prise Einfühlungsvermögen, angereichert mit etwas Verständnis, behandle nun das Ganze wie ein rohes Ei und schon ist die perfekte Bracke fertig. So einfach kann es sein.

Solche oder ähnlich genaue Literatur über die Ausbildung dieser wunderbaren Hunderasse gibt es; viel ist es aber nicht. Es fällt auch ziemlich schwer zu beschreiben, wie man eine Bracke, speziell in den Gehorsamsfächern, zu führen hat, denn Bracken, bei denen die Einbindung in die Familie passt, machen das meiste ganz von selber.

Und trotzdem sollte man darauf achten, eventuelle Fehler zu vermeiden.

Bevor man sich eine Bracke anschafft, sollte man wissen, dass man diese Hunderasse am besten mit Zuwendung und Belobigung dorthin führt, wo man sie haben will. Auch wenn sie im Revier eine unglaubliche Härte, speziell am wehrhaften Wild zeigen, so vertragen sie Grobheiten von ihren Führern nicht. Hat man das Vertrauen des Hundes einmal verloren, bedarf es viel Geduld, um dieses wiederherzustellen.

Bei aller einfühlsamen und sanften Führung darf aber die Konsequenz nicht fehlen. Wie man einem Hund den Grundgehorsam – wie „Sitz!“, „Platz!“, „Bei Fuß!“ usw. – beibringt, kann in etlichen Büchern nachgelesen werden, auf die ich hier verweise.

Ich rate Ihnen eindringlich, keine harte Linie anzuwenden.

Bracken sind gezüchtet, um selbstständig zu arbeiten; daher sind sie es auch gewohnt, Entscheidungen selber zu treffen. Wenn man einen Hund will, der die Unterordnung perfekt ausführt und auf jedes Handzeichen sofort reagiert, dann sollte man besser eine andere Rasse wählen. Bracken arbeiten vertrauensvoll mit ihrem Führer zusammen, ohne Trillerpfeife und ohne Teletaktgerät. Versuchen Sie es; ich bin sicher, es wird Ihnen gelingen.

Zu den jagdspezifischen Brackenfächern, wie zum Beispiel Brackieren, Schweißarbeit und Bewegungsjagden, habe ich versucht, Anleitungen zu verfassen, die dieser Rasse entsprechen.

Sie sind auch sehr gut beraten, wenn Sie die Übungstage besuchen, die vom Österreichischen Brackenverein (ÖBV, www.bracken.at) angeboten werden. Dort wird von bestens ausgebildeten Leistungsrichtern und Gebietsführern Unterstützung bei der Ausbildung von Bracken angeboten.

Motivation

Brackieren!

Eine der höchsten Anforderungen an die Hundenase und auch an die Kondition stellt mit Sicherheit die Brackierjagd auf Hase und Fuchs dar. Neben der feinen Nase benötigt die Bracke auch einen enormen Spurwillen sowie Spursicherheit, die ihr aber durch strenge Zuchtauslese schon mitgegeben ist. Der Schlag auf Schlag erklingende Spurlaut, der uns akustisch wissen lässt, wohin sich die Jagd gerade begibt, ist für jeden Jäger die schönste Musik. Sowohl im Lager als auch auf der „Fährte" hinterlassen der Hase sowie der Fuchs mit ihren Pfoten und Pranken als „Ballengänger" sehr wenig Bodenverwundung, bedingt auch durch ihr geringes Körpergewicht. Im Gegensatz dazu hinterlassen „Schalen" wesentlich mehr Bodenverwundung durch scharfkantige Schalen und auch mehr Gewicht. Es ist ein Unterschied, ob ein Hase mit 4 kg Körpergewicht auf weichen Pfoten über den Boden läuft oder ein Hirsch mit 150 kg und scharfrandigen Schalen seine Fährte hinterlässt.

Wenn auch die Brackier- oder „laute Jagd" genetisch verankert ist, so kommt man trotzdem nicht darum herum, die Bracke auf Hase und/oder Fuchs gewissenhaft einzuarbeiten. Bracken sind jagende Hunde, gezüchtet auf Selbstständigkeit. Sie treffen oft ohne Einfluss ihres Führers Entscheidungen, die der ablaufenden Jagd häufig jene Wende geben, die letztlich zum gewünschten jagdlichen Erfolg führt. Diese Selbstständigkeit darf man der Bracke nicht nehmen, auch am Schweiß ist diese Eigenschaft immer der Garant für Erfolg.

Diese Selbstständigkeit zu akzeptieren, aber auch einen gewissen Gehorsam zu verlangen, macht das Führen einer Bracke oft sehr schwer. Es ist immer eine Gratwanderung zwischen Gehorsam und Selbstständigkeit.

Viele Hundeführer, speziell jene, die vorher Hunderassen führten, die auf Unterordnung gezüchtet wurden, wie Vorstehhunde und Apportierhunde, kommen mit der eher lockeren Führung, die eine Bracke braucht, oft nicht zurecht. Zwingt man einer Bracke die Unterordnung auf, verliert sie genau das, was sie so erfolgreich macht – nämlich den ungeheuren Jagdverstand, den sie bei einer großzügigen Führung ausleben kann. Damit hier keine Missverständnisse aufkommen: Das soll nicht heißen, dass eine Bracke nicht gehorchen muss! Selbstverständlich muss eine Bracke das tun, was man ihr aufträgt. Schickt man sie aber zum Brackieren los oder man schnallt sie auf der Schweißfährte, dann hört von diesem Zeitpunkt an jede Einflussnahme auf. Von diesem Moment an lebt die Bracke ihren noch sehr stark vorhandenen Jagdverstand aus – und wenn sie gut eingearbeitet ist, wird man erstaunliche Leistungen erleben.

Unsere Bracken werden nicht abgerichtet, sondern es wird die ihnen **angeborene Veranlagung gefördert.** Bracken sind sehr sensibel und vertragen keine harte Hand. Dieser Vierbeiner wird nur mit Motivation und Belohnung an seine Aufgaben gebracht; so geführt, wird er seine Aufgaben voll Freude vollbringen. Also kein Zwang und kein Druck! Unter Druck geführte Bracken folgen dem unmittelbaren Einflussbereich des Hundeführers; sind sie aber weiter entfernt, dann tun sie genau das, was sie wollen und meiden dann natürlich das Herankommen an den Hundeführer. Bei aller sanften Führung darf aber sicher nicht die Konsequenz fehlen. Der Hund muss wissen: Jetzt darf ich oder jetzt darf ich nicht.

Hunde haben es sehr schnell heraus, bei wem sie folgen müssen und bei wem sie ungehorsam sein dürfen. Häufig kann man schon in der Familie Inkonsequenzen beobachten. Frauen sind oft die konsequenteren Führungspersönlichkeiten als die Männer. Beim Frauerl darf der Hund nicht auf das Sofa oder bekommt nichts vom Tisch. Manche Führer glauben aus Partnerschaft zum Hund nachgiebiger sein zu müssen. Dadurch kann es zu Konflikten kommen. Der Hund holt sich Schützenhilfe von seinem Herrn und knurrt dann zum Beispiel die Frau oder auch das Kind an. Spätestens jetzt sollten alle Beteiligten die vorgegebenen Richtlinien konsequent einhalten und dem Hund zeigen.

Um die Veranlagung zum Brackieren zu wecken, muss man den jungen Hund etwa ab dem 5. Lebensmonat gezielt auf die Hasenspur bringen. Um das gegenseitige Verständnis zwischen Führer und Hund zu festigen, sollten immer die gleichen Befehle und Armzeichen verwendet werden. Wichtig ist das zu Beginn der Ausbildung. Nach einigen Jahren des Miteinanderjagens genügt oft nur ein Blick, und der treue Helfer weiß, worum es geht.

Beim Brackieren sollte man den Befehl **„Such!"** verwenden. Sehr animierend und anfeuernd kann man der Bracke den Befehl „Such den Hasen!" erteilen, und immer wieder wiederholen **„Such's Haserl!"**. Der fertige Hund wird schon voller Freude auf den erlösenden Befehl „Such's Haserl!" warten und freudig loseilen – endlich darf er selbstständig den Hasen suchen und jagen. Das ist für alle Hunde eine der beliebtesten Arbeiten. Verwendet man beim Brackieren den Befehl „Such!", darf dieser auf keinen Fall auf der Schweißfährte verwendet werden. Mit „Such!" feuert man die Bracke an und animiert sie zum Laufen und frei Suchen.

Auf der Schweißfährte soll man den Hund beruhigen und zum langsamen und konzentrierten Untersuchen und Nachfolgen der Wundfährte auffordern. Erfahrene Führer verwenden dazu die Befehle **„Zeig Verwund!"** oder **„Zeig mir's Bockerl!"** oder **„Zeig Verloren!"**. Diese Befehle kann man sehr melodiös und beruhigend aussprechen.

Auf der Wundfährte ist es angezeigt, sehr sparsam mit Worten umzugehen. Es ist eine Unart, wenn Hundeführer ununterbrochen reden und dauernd „Zeig Verwund!" zu ihren Vierbeinern rufen. Sie machen den Hund damit nur nervös und stören ihn bei der Konzentration, die beim Nachsuchen so wichtig ist. Auf keinen Fall darf man zu dem Befehl „Such!" überwechseln. Die Bracke wird auf den Befehl „Such!" hin den Hasen zu suchen anfangen und womöglich die Wundfährte verlassen. Ich habe das bei

Prüfungen schon oft gesehen. Am Riemen arbeitet die Bracke auf „Zeig Verloren!“ ruhig bis zum Wundbett, dort wird ihr die Halsung abgenommen und der Hund muss selbstständig und allein die Wundfährte bis zum Stück arbeiten. Oft ist dabei der Führer nervös und fängt auf einmal mit Befehlen wie „Such's Bockerl!“ an. Die Aufforderung „Such!“ wird sich eine junge Bracke nicht zweimal sagen lassen; sie wird den Hasen dann lustig drauflos suchen gehen.

Solche Fehler dürfen nicht passieren, denn damit kann man viel Arbeit und Mühe mit einem Mal zunichtemachen. Also sollte sich auch der Hundeführer korrekt verhalten. Leider Gottes bemerken die meisten Hundeführer in ihrer Hektik und Nervosität gar nicht, was sie falsch gemacht haben und schimpfen dann auf den Hund und die Rasse. Darum ist es gut, auf Übungstage zu gehen oder beim Üben im Revier manchmal einen erfahrenen Hundeführer zusehen zu lassen. Dieser kann einen auf gemachte Fehler aufmerksam machen. Mit „erfahrene Hundeführer“ meine ich auch solche und nicht die „Obergescheiten“, die selbst meistens noch keinen Hund geführt haben.

Die Bracke auf eine Hasenspur bringen, geht am leichtesten, wenn man von einem Hochsitz aus einen Hasen beobachtet, sich genau merkt, wo er gelaufen ist und wo er entweder ins Lager gegangen bzw. wo er in den Wald eingewechselt ist. Am langen Riemen geht man dann mit dem Junghund zur Hasenspur und versucht ihm die Spur interessant zu machen. Der Hund wird voll Interesse der Spur folgen und mit viel Lob soll man diese Spur arbeiten, solange es dem jungen Hund Spaß macht.

Wenn er dann nach mehreren Versuchen imstande ist, die Spur über mehrere 100 m zu halten, kann man die Bracke beim nächsten Mal nach ca. 100 m schnallen. Schnallen heißt, die Halsung abnehmen und ist das Zeichen für den Hund, dass er jetzt selbstständig arbeiten soll. Eine Signalhalsung sollte man aber schon anbringen (mit Telefonnummer).

Beim ersten Mal schnallen wird der Hund sehr bald über den ersten Haken hinausschießen und die Spur verlieren. Durch das angeborene „Bögeln" (kreisförmiges Suchen nach der verlorenen Spur) wird er versuchen, die Spur zu finden und diese wieder aufzunehmen. Wenn das gelingt, ist ein großer Schritt getan. Beim nächsten Schritt sollte man dem Hund beibringen, den Hasen allein zu suchen.

Mit einer planmäßigen Suche soll die Bracke den ihr zugeteilten Abschnitt (Graben, Schacherl oder Wald) systematisch absuchen und den darin lagernden Hasen finden. Zielführend ist es, wenn man sich einen Hasen selber genau bestätigt (kleine Waldremisen, wo sie gerne lagern) und dann die Bracke in dieses Gebiet hineinschickt.

Brackieren ist ein Lernfach. Die Bracke muss lernen, ihre Laufgeschwindigkeit ihrer Nasenleistung anzupassen. Erst wenn das aufeinander abgestimmt ist, wird der Hund die Hasenspur selten

Erfolgreiche Brackade in den Weingärten der Wachau

überspringen und verlieren. Das kann er aber nur durch viel Üben lernen. Nach dem juchzenden Heblaut wird der Hund den Hasen sichtlaut jagen, bis er ihn aus den Augen verliert; erst dann wird er wieder zum Spurlaut übergehen. Wird ein Hase dann auch noch vorgeschossen, sodass nach der Jagd auch noch Beute gemacht wird, wird man einen guten Brackierer heranbilden. Von heute auf morgen geht das aber nicht!

Eine Hasenspur ist einmal, wie anfangs erwähnt, sehr schwer durch die geringe Bodenverwundung zu halten. Zum anderen ist der viele Feinde zählende Hase ein wahrer Meister im Abhängen von Verfolgern. Dadurch beherrscht er etliche Tricks, um diesen zu entkommen. Wenn man einem alten Waldhasen zusieht, wenn ihm die Bracke auf der Spur ist, hat man oft den Eindruck, dem Hasen macht das richtig Spaß. Zuerst geht der Hase in einem Höllentempo ab, bei dem Sprünge mit 5 m keine Seltenheit sind. Viele Haken erschweren die Verfolgung zusätzlich. Nach ein paar hundert Metern aber wartet er wieder auf seinen Verfolger, lässt ihn relativ nahe herankommen, und ab geht die Post von Neuem. Ich hatte nie den Eindruck, dass der Hase gestresst aussah.

Wildtiere leben mit der Gefahr und Flüchten gehört zum Alltag. Der Hase weiß auch ganz genau, dass ihm der Hund nichts anhaben kann. Mit seinen langen Sprüngen ist er zu überlegen.

Ein Schwäche aber hat der Hase: seine Standorttreue. So wie viele andere Wildarten auch, wie zum Beispiel Rehwild, kehrt der Hase nach längerer Jagd, oft aber auch sehr bald – das ist ganz unterschiedlich – in seinen gewohnten Lebensraum zurück.

Genau das nennt man die „ Brackierjagd". Der Jäger wartet am Ausgangspunkt der Jagd, bis die Bracke den Hasen zurückbringt. Das herannahende Brackengeläut, wohl wissend, dass der Hase vor dem Hund ist, lässt den Adrenalinspiegel in die Höhe schnellen wie keine andere Jagdart. Das gilt erst recht, wenn es dann auch noch gelingt, den Hasen mit einem sauberen Schuss, oft erst nach ein bis zwei Stunden, zu erlegen. Es sind diese

Erlebnisse, die verständlich machen, warum gerade diese Jagdart unter Jägern so sehr geschätzt wird.

Neben der großartigen Nase und körperlichen Leistung des Hundes braucht auch der Jäger die Ausdauer, bis zum entscheidenden Moment zu warten. Nicht immer gelingt es der Bracke, den Hasen zurückzubringen. Viele Faktoren spielen hier zusammen, die diese Jagd unterbrechen können. Was aber sehr bewundernswert ist, ist der Orientierungssinn unserer Bracken. Selbst wenn sie zum ersten Mal in einem Revier über viele, viele Kilometer jagen, finden sie problemlos zum Führer zurück. Wichtig ist, dass sich der Hund darauf verlassen kann, dass sein Herrl auf ihn wartet. Wenn das nicht möglich ist, muss zumindest ein Kleidungsstück des Führers (Wetterfleck oder Jacke) am Ausgangspunkt abgelegt werden, an dem der Hund warten kann, bis er abgeholt wird.

Komplett falsch ist es, eine Bracke zu suchen. Während man mit dem Auto herumfährt, kann der Hund zum Ausgangspunkt zurückkommen. Wenn er niemanden antrifft und auch kein Kleidungsstück vorfindet, das nach seinem Herrl riecht, wird er ziellos herumirren und noch schwerer zu finden sein.

Auch das Anleinen einer Bracke durch andere Jäger ist eine Unart. Der Führer wartet, dass sein Hund zurückkommt; dieser sitzt möglicherweise aber schon im Auto des fremden Jägers. Zur Sicherheit des Hundes sollte auf dem Signalband oder auf der Signaljacke des Hundes immer die Mobiltelefonnummer des Hundeführers vermerkt sein.

Wenn Sie sich eine Bracke angeschafft haben, um sie hauptsächlich zum Nachsuchen zu verwenden, so haben Sie eine sehr gute Wahl getroffen. Trotzdem sollte jede Bracke, egal ob sie zum Brackieren eingesetzt wird oder nicht, auf der Hasenspur eingearbeitet werden.

Die Fährte unter Einsatz der Nase in Zusammenarbeit mit der richtigen Geschwindigkeit zu halten, ist eine große Kunst. Der richtigen Spur zu folgen, ohne sich von Verleitfährten, Wiedergängen, Haken, Kreuzgängen und unterschiedlichen Bodenverhältnissen wie Wald, Wiese, staubiger Acker oder steinige Geröllhalde etc. ablenken zu lassen, das kann man eine am Riemen geführte Bracke nicht lehren, das kann die Bracke nur dann lernen, wenn sie frei auf der Hasenspur unterwegs ist.

Hat eine Bracke gelernt, die Hasenspur mit sehr geringem Duft und Bodenverwundung über mehrere Kilometer zu halten, dann ist es für sie ein leichtes, eine Wundfährte, verursacht durch Schalenwild mit viel Bodenverwundung und zusätzlichem Schweiß, auszuarbeiten. Schon die alten Jäger wussten: „Ein guter Hasenhund ist allemal ein guter Schweißhund."

Tipp!
Die Bracke, das sollten Sie sich merken, unbedingt zuerst am Hasen einarbeiten und erst später mit der Ausbildung auf Schweiß beginnen!

Wenn Ihre Bracke zur Zucht verwendet oder als Revierhund angemeldet werden soll, benötigt man die Prüfung am Hasen (Anlage- oder Brackierprüfung). In manchen Revieren ist das Einarbeiten auf der Hasenspur bestimmt nicht leicht, aber Hasen gibt es in jedem Revier. Sind die Reviere sehr klein, so ist es hilfreich, sich mit dem Reviernachbarn abzusprechen. Ein fermer Jäger dürfte prinzipiell nichts dagegen haben, wenn man einen jungen Hund einarbeitet, auch wenn er manchmal die Reviergrenze überquert. Eine Beunruhigung des Wildes, insbesondere in Hochwildrevieren, braucht man durch einen spurlauten Hund nicht zu befürchten, denn laute Hunde sind kalkulierbar und Rot- und Rehwild flüchtet hier in den seltensten Fällen. Stumme Hunde hingegen sind eine unberechenbare Gefahr für jedes Wild und verursachen panikartige Flucht. Schon oft konnte ich mich davon überzeugen, dass Rotwild stehen bleibt, wenn die Bracke

auf der Hasenspur laut jagend vorbeieilt. Ein Ausjagen des Revieres durch den Hund ist somit nicht zu befürchten.
Um die Bracke auf der Hasenspur zu festigen, sollte man einige Hasen vorschießen. Jagt die Bracke einmal Reh- oder Rotwild an, darf man auf keinen Fall das angejagte Stück vor dem Hund erlegen, denn so erzieht man einen Rehhetzer. Die Bracke merkt sehr bald, dass mit Rehjagen keine Beute zu machen ist und wird dann von selber abstehen. Ein kurzes Anjagen wird man aber in den seltensten Fällen verhindern können, was aber auch nicht weiter tragisch ist.

Mit zunehmender Erfahrung wird der Hund dadurch immer kürzer und jagt oft gar nicht mehr an. Merkt der Hund aber, das Stück ist krank, was sehr oft vorkommt, speziell in der Nähe von Straßen, so wird er versuchen das Stück zustande zu bringen. Auch hier beweist die Bracke ihren noch sehr stark vorhandenen Jagdverstand.

Versuche, den Hund zurückzupfeifen, sind unnötiger Lärm. Die Bracke wird selber entscheiden, ob ein jagdlicher Erfolg in Aussicht steht und dementsprechend ihre Entscheidung treffen. Hat sie viel Praxis, geschieht das sehr schnell. Eine Bracke, die sehr selten jagen darf, wird deutlich länger brauchen, um feststellen zu können, ob das angejagte Wild zustande zu bringen ist oder nicht. Das zu verstehen und zu akzeptieren fällt manchen Hundeführern sehr schwer. Beim Einlernen kann man aber schon bewusst darauf einwirken, dass das Rehjagen ungewollt ist. Man kreuzt bewusst eine frische Rehfährte und trägt mit einem energischen Befehlston „Pfui, Reh!“ die Bracke von der Rehfährte ab. Danach sollte man umso mehr den Hund auf der Hasenspur loben und animieren. Auf diese Weise kann man einer ungewollten Rehjagd entgegenwirken. Ganz verhindern wird man es nie; nur die erfahrene Bracke ist rehrein.

Einarbeiten auf der Schweißfährte

Für viele unserer Bracken wird die Schweißfährte die Hauptaufgabe werden. Durch den ausgeprägten Spurwillen, ihre feine Nase und ihre Spursicherheit ist die Bracke bestens geeignet, selbst schwierigste Nachsuchen zu bewältigen. Zusätzlich informiert uns die Bracke mit ihrem Spurlaut über den Verlauf der Fährte, wenn sie bereits geschnallt ist und selbstständig weitersucht. Auch das ist in der heutigen Zeit ein sehr hilfreiches Verhalten, das uns hilft, eventuell notwendige Maßnahmen zu ergreifen. Wenn man zum Beispiel hört, die Jagd bewegt sich in Richtung Reviergrenze (bei den heute meist kleinen Revieren ist das leicht möglich), kann man den Reviernachbarn möglicherweise noch rechtzeitig anrufen. Geht die Nachsuche über weitere Strecken, kann man mit dem Auto nachfahren, um von einer Anhöhe aus zu horchen, wo sich die Nachsuche gerade befindet oder ob möglicherweise schon Standlaut gegeben wird. Wehrhaftes Wild wird die Bracke stellen und mit ihrem wohlklingenden Standlaut ihren Führer herbeirufen, sodass dieser den Fangschuss geben kann. Ist das gesuchte Wild bereits verendet, wird die gut ausgebildete Bracke, beflügelt durch den ausgeprägten Orientierungssinn, zu ihrem Führer zurückeilen und das gefundene Stück verweisen.

Zum Nachsuchen auf Rehwild, das sich fast nie stellt, braucht man einen schnellen Hund, der über die nötige Wildschärfe verfügt und das kranke Wild abfängt. Auch dazu ist die Bracke ideal. Ihre wohldosierte Wildschärfe lässt sie Rehwild kompromisslos abwürgen, bei wehrhaftem Wild wird sie schneidig, aber nicht kopflos das Stück stellen. Einige Hundeführer haben da ihre Angst, wenn ein Hund ein Reh niederzieht. Das könnte er nämlich auch beim wehrhaften Wild (zum Beispiel der Gams) versuchen, was zu Verletzungen führen kann.

Bei Bracken ist diese Angst unbegründet. Unsere Hunde können sehr wohl unterscheiden, ob sie dem Stück Herr werden oder nicht. Ist das Stück noch zu wehrhaft, werden sie durch ihre gut dosierte Schärfe auch nicht fassen. Wenn sie merken, dass das Stück schwach wird, werden sie auch hier anpacken. Zum Vergleich: Ein Wolf wird sich auch hüten, zu starkes Wild anzufallen. Wölfe verfolgen ihre Opfer oft tagelang, bis der für sie richtige Zeitpunkt gekommen ist. Alles in allem ist die Bracke daher bestens geeignet, Nachsuchen auf jede Wildart erfolgreich durchzuführen. Bis dorthin ist es aber ein weiter Weg, den man richtig beginnen sollte.

Was zu beachten ist

Am besten gelingt dieses Vorhaben, wenn wir bei unseren Welpen auch hier die Prägephase (8–14 Wochen) ausnützen. Hat man den 8–10 Wochen alten Welpen nach Hause bekommen, dann sollte man, wenn es irgendwie möglich ist, Urlaub nehmen.

Hunde als Rudeltiere sind das Alleinsein nicht gewöhnt. In der Natur werden Welpen erst viel später von der Fähe weggebissen. In den ersten Monaten lernen aber die Welpen von der Mutter, wie man sich sicher durchs Leben schlägt und auch erfolgreich jagt. Diese Rolle muss jetzt der neue Führer übernehmen. Bei guten Züchtern haben die Welpen in den ersten Wochen schon sehr viel gelernt. Das beginnt schon beim Kampf um die Milchzitze. Ist ein Welpe kleiner und schwächer als seine Geschwister, wird er es schwerer haben, aber durch Ausdauer und Geschick wird er es auch schaffen. Schafft er es nicht, so hat die Natur eine Auslese betrieben, die wir Menschen nicht beeinflussen sollten. Es ist falsch, dem Welpen zu helfen! Nur wenn er es alleine schafft, hat er gelernt durchzuhalten.

Auch beim Zusammenliegen lernt der Welpe sich einzuordnen. Wenn er schlau genug ist, hat er ein gutes Plätzchen erwischt. Zu warme Wohnungen und zu viele Wärmelampen sind wider seine Natur. Wenn die Welpen einzeln verteilt liegen, weil es beim Zusammenliegen zu warm ist, ist das falsch. Sich einfügen,

unterordnen, einen guten Platz erkämpfen – das lernt der Welpe somit schon in den ersten Tagen. Überwindet er ein schweres Hindernis, wird er zufrieden und ausgeglichen sein.
Ähnliches gilt auch für uns Menschen. Wenn wir den Kindern alle Hürden aus dem Weg räumen, lernen sie nie, Probleme selbst zu bewältigen und werden bereits an kleinen Hindernissen scheitern.

Gute Züchter haben einen Abenteuerspielplatz, wo die Welpen Erfahrung sammeln können. Sie werden auch die eine oder andere „Wildschleppe" gelegt haben, auf der die Welpen nachkommen.

Haben wir den Welpen nach Hause geholt, müssen wir jetzt in die Rolle der Hündin schlüpfen und mit dem Welpen spielen, Kontaktliegen oder ihn auch zurechtweisen, wenn es genug ist. Hündinnen machen das auch und oft sogar sehr grob.

Am Anfang werden wir den Welpen an seinen neuen Platz im Haus gewöhnen. Er sollte möglichst so gewählt werden, dass der Hund einen Überblick über das ganze Geschehen hat und alles aufmerksam verfolgen kann. Auch den Platz im Garten, wo er sich lösen darf, müssen wir ihm zeigen. Es sollte womöglich immer der gleiche Platz sein. Man muss den Welpen nur beobachten und ihn, wenn er „muss", schnell aufheben und nach draußen zu seinem Platz tragen, wo er sich lösen darf. Wenn man das einige Male wiederholt, funktioniert das auch ganz gut.

Auch sein Futter sollte der Welpe immer zur gleichen Zeit und am selben Platz gereicht bekommen. Hat sich der Hund daran gewöhnt, kann man mit der ersten Futterschleppe beginnen. Dazu wird seine Futterschüssel nicht auf denselben Platz, sondern 10 m weiter weg, sodass er diese nicht gleich sieht, abgestellt. Ein Netz mit ein wenig Futter zieht man dann bis zur Schüssel. Zeigen Sie mit der Hand auf die Schleppe und fordern Sie den Welpen mit „Zeig verloren!" auf, zu suchen. Es wird für den Welpen ein Leichtes sein, seine Futterschüssel zu finden. Natürlich wird er dann gelobt. Das kann natürlich immer wieder ein wenig gesteigert werden. Bald wird er wissen, dass es bei

„Zeig verloren!“ etwas zu suchen gibt und am Ende immer eine Belohnung wartet.

Eine Erweiterung ist dann die Wildschleppe. Bei der Wildschleppe wird ein Stück des Wildes z. B. Lauf oder Haupt mit einer Schnur über den Boden gezogen und somit eine Duftfährte angelegt. Auf dieser Schleppe soll man den Hund zu Beginn am Riemen arbeiten. Beim Stück angekommen, muss es immer eine starke Belohnung geben; dann wird der Hund künftig voller Freude suchen. Natürlich soll man hier die Prägephase ausnützen und immer auf den gleichen Ablauf und die gleichen Befehle (Worte) achten. Beutegreifer sind meistens auf eine Spezies fixiert. In ihrem Aufwachsen ist prägend, welche Nahrung zur Verfügung stand. Ein Fuchs, der in einem guten Niederwildrevier heranwächst, wird wahrscheinlich auf Hasen geprägt sein. Ausschlaggebend dafür sind immer seine ersten Erfolge bei der Futterbeschaffung.

Sorgfältig wird der Anschuss untersucht.

Ein anderer Fuchs, der möglicherweise neben einer stark befahrenen Straße aufwächst, wird möglicherweise auf Fallwild durch Kfz geprägt sein. Auch wir Hundeführer haben nicht selten eine Wildart, die wir am häufigsten bejagen bzw. nachsuchen. Das wird sehr unterschiedlich sein; der eine auf Gams, der andere wieder auf Schwarzwild. Ein Welpe sollte auf jenes Wild, auf das er später hauptsächlich geführt wird, geprägt werden. Dazu ist es wichtig, dass der Welpe mit einem frisch erlegten, noch warmen, nicht aufgebrochenen Stück dieser Spezies vorsichtig zusammengeführt wird.

Zu dem frisch erlegten Reh (Hirsch, Gams, Sau) geht man mit dem Welpen ohne Leine, also frei. Der Welpe wird sehr vorsichtig das riesige Wild bewinden und beobachten; sein Herrl fürchtet sich nicht, also braucht er sich auch nicht zu fürchten.

Man muss dem Welpen viel Zeit lassen und darf den jungen Hund auf keinen Fall hinzerren. Wichtig ist, dass er mit diesem Stück vertraut wird. Am nächsten Tag sollte dann mit den Schalen dieses Tieres eine Fährte getreten werden und am Ende einer max. 100 m langen Übungsfährte das Haupt samt Decke dieses Stücks Wild liegen. Auch der sparsam aufgespritzte Schweiß muss von demselben Stück sein. Die Fährte darf aber ohne Weiteres 8 bis 10 Stunden alt sein; wichtiger ist die Bodenverwundung durch die Schalen. Mit einem 8 bis 10 Monate alten Welpen kann man solche Übungsfährten dann bis 1.000 m schon langsam erweitern.

Wichtig!
Die Schalen, das Haupt oder die frische Decke und der Schweiß müssen immer vom selben Stück sein.

Jedes Stück Reh- oder Hochwild hat einen Eigengeruch. Wenn Sie mit Schalen treten und dann das Haupt von einem anderen Stück hinlegen, kann es passieren, dass der feinnasige Hund weitersucht, weil der Individualgeruch der Fährte nicht zum gefundenen Haupt passt. So kann man einen jungen Hund sehr schnell verderben. Auch eine getrocknete Decke am Ende der Fährte ist falsch. Sie können noch so viel Schweiß auf die getrocknete Decke spritzen, der Hund riecht den Unterschied und wird die Decke nicht als die gesuchte Beute erkennen.

So etwas sind grobe Fehler, die man auf keinen Fall machen darf! Soll der Hund zum Beispiel auf Hochwild eingearbeitet werden, dann soll man während der Ausbildung auch keine andere Fährte arbeiten. Erst wenn der Hund ganz sicher Fährten mit 2 km Länge und bis zu 24 Stunden alt, versehen mit Widergängen und Kreuzungen, sauber arbeitet, darf man ihn auch auf anderes Wild arbeiten lassen. Der gut eingearbeitete Hund wird dann auch die Fährte jedes anderen Wildes, zu der er gelegt wird, ausarbeiten. Bei allen künstlich gelegten Fährten soll man den Verlauf der Fährte ganz genau markieren, damit man genau weiß, ob der Hund jetzt auf der Fährte oder ob er davon abgekommen ist.

Bei der ganzen Fährtenarbeit müssen wir auf die Körpersprache des Hundes sehr genau achtgeben. Sein Verhalten wird sehr unterschiedlich sein, wenn er auf der Fährte oder wenn er davon abgekommen ist. Diese Körpersprache kann man auf der künstlich gelegten, gut markierten Fährte genau lernen. Das ist ganz wichtig, denn das ist in der Regel die einzige Kontrolle auf der natürlichen Wundfährte. Häufig findet man auf der natürlichen Wundfährte keinen Schweiß, und man kann nur am Verhalten des Hundes erkennen, ob man noch auf der Wundfährte ist oder nicht.

Eine natürliche Wundfährte während der Einarbeitungsphase sollte nur dann mit dem noch nicht ganz fertigen Hund gearbeitet werden, wenn es sich dabei um dieselbe Wildart handelt, auf den Sie Ihren Junghund gerade einarbeiten. Sie müssen sich dabei ganz sicher sein, dass es sich um eine Totsuche handelt. Das heißt, es müssen am Anschuss schon Teile der Lunge vorhanden sein oder Teile der Leber und mehrere Stunden nach dem

Anschuss vergangen sein, sodass man annehmen kann, dass das Stück bereits verendet ist.

Während der Ausbildung, aber auch für später ist es wichtig, die Arbeiten für den Hund so interessant wie nur möglich zu gestalten. Immer wieder anders gelegte Fährten mit leichten Steigerungen sollen eine Herausforderung für den auf der Fährte geführten Hund sein. Er sollte die Fährte aus eigenem Interesse arbeiten. Das heißt, dass Sie versuchen sollten, den Hund zu motivieren; zwingen Sie ihn nicht mit Gehorsam und strengem Befehl zur Arbeit. Es ist falsch, wenn der Hund einmal von der Fährte abkommt und Sie drohend „Zur Fährte!“ brüllen. Der sensiblere Hund wird damit verunsichert, der etwas härtere wird sich – ins Menschliche übertragen – denken: „Du kannst mich mal!“ Viel zielführender ist es, dem Hund Zeit zu lassen und motivierend bzw. beruhigend auf ihn einzuwirken. Das schafft Vertrauen. „Na komm, schauen wir miteinander!“, „Wo geht's möglicherweise weiter?“, „Probieren wir's noch mal von vorne!“ und ähnliche Äußerungen helfen dem Hund wesentlich mehr als Unmut oder zornige Äußerungen.

Natürlich wird es für den jungen Hund, der schon Hatz und Bail erlebt hat, auf der künstlichen Fährte keine Steigerung geben. In diesem Fall wird es sehr schwer werden, den Hund für eine künstliche Fährte zu motivieren. Hunde erkennen am Anschuss sofort, ob es sich um eine künstliche oder natürliche Wundfährte handelt.

Es ist aber interessant und auch „lohnenswert“, wenn ein Hund diese Fährte arbeitet; und zwar auch dann, wenn er schon natürliche gearbeitet hat. Entscheidend ist nur die Motivation. Mit Druck oder purem Gehorsam wird es nicht gelingen. Kennt man seinen Hund, so weiß man schon am Anschuss, was einen erwartet.

Jella, die Steirische Rauhaarbrackenhündin von einem Freund, begann am Anschuss schon Laut zu geben, wenn das Stück noch auf den Läufen war. So wussten wir, ob es sinnvoll war, zum Beispiel Vorstehschützen anzustellen.

Ein wichtiger Punkt ist auch das Totverweisen. Erst wenn der Hund zum verlässlichen „Totverweiser“ ausgebildet ist, darf man den Hund eventuell schnallen. Es bringt nichts, wenn der Hund allein das verendete Stück findet und seinem Herrn nicht zeigt, wo es liegt.

Mit dem Verweisen kann man schon bei der Futterschleppe beginnen. Hat man die Futterschüssel im Garten versteckt und die Futterschleppe bis dorthin gezogen, so stülpt man zum Beispiel einen großen Kübel oder die Wildwanne über die Futterschüssel. Der Welpe wird die Futterschüssel finden, kann aber nicht zum Futter. Wir warten dort, wo die Futterschleppe beginnt. Nach einiger Zeit wird der Welpe zurückkommen und uns auffordern, ihm zu helfen, damit er an sein Futter kommt. So beginnt das Verweisen. Später wird dann auf der Wildschleppe geübt. Wichtig ist dabei, dass der junge Hund vom gefundenen Stück aus seinen Herrn nicht sehen kann. Außerdem sollte das Schleppwild angebunden sein, damit der Hund zum Beispiel das Hirschhaupt nicht bringen kann. Wenn er zurückkommt, um sein Herrl zu holen, dann muss er deutlich zeigen, dass er gefunden hat. Das kann dem Hund so angelernt werden, wie man es für richtig hält. Viele Hundeführer lassen ihren Vierbeiner als Zeichen, dass er gefunden hat, an sich hochspringen (was er sonst nicht darf). Ich lehre meine Bracken, dass sie sich vor mich hinstellen und Laut geben.

Den Befehl „Gib Laut!“ lehre ich dem kleinen Welpen bereits im Alter von zehn Wochen. Ich halte dem Welpen ein Leckerli oder ein Stück Wurst vor die Nase und sage immer: „Gib Laut!“ Er wird danach schnappen, aber ich ziehe es immer weg. Erst wenn er einen Beller macht, bekommt er mit viel Lob das Leckerli. Wenn man das ein paarmal übt, kann man ihm schon, ohne dass er das Leckerli sieht, den Befehl zum Bellen geben und er wird es gerne tun, weil er auf die Belohnung wartet.

Ich führe seit mehr als 40 Jahren Hunde, aber meine Türen im Haus haben noch keinen Kratzer! Schon dem kleinen Welpen lehre ich, wenn er bei der Tür hinaus will oder wenn er von

draußen herein will, dass er bellt. Damit gibt es keine zerkratzten Türen. Wenn der Hund bellt, so muss ich natürlich sofort gehen und unseren Vierbeiner herein- oder hinauslassen.
Genau so funktioniert es beim Verweisen. Führt man den Welpen am Riemen auf der Wildschleppe bis zum Stück, wird er beim Stück gelobt und aufgefordert, Laut zu geben. Gibt er Laut, bekommt er seine Belohnung in Form von Hundekeksen oder Ähnlichem.

Später, wenn der Hund allein zum Stück kommt, wird er es untersuchen und auch ein Leckerli suchen. Da keines vorhanden ist, wird er zu seinem Herrl zurückeilen, von dem er seine Belohnung bekommt, wenn er Laut gegeben hat. Das kann den Hunden meistens sehr leicht vermittelt werden, muss dann aber mit viel Übung gefestigt werden. Erst wenn es perfekt sitzt, kann man dann den Hund auf der Wundfährte schnallen und ihn allein zum Stück suchen lassen; diese Übung ist auch auf einer sicheren

Riemenarbeit

Totsuche als Erstes zu machen. Danach erst sollte man mit dem jungen Hund eine natürliche Fährte arbeiten, bei der es eventuell auch zu einer Hatz kommen kann.
Wenn sich ein Stück nach einer Hatz stellt, so sollte man die Bail sehr vorsichtig angehen, um diese nicht zu brechen. Beim ersten Stück ist es besonders wichtig, dass die Bail durch den Fangschuss erfolgreich beendet wird. Der Fangschuss muss natürlich vom Hundeführer abgegeben werden und zum Loben sollte der Hundeführer zum Stück allein kommen. Beide sollen sich über die Beute freuen. Ich mache mit meinem Hund dann immer „Genossen", d. h. mein Hund bekommt von jedem gefundenen Stück ein Stückchen frischen Pansen – aber nicht zu viel, sonst bricht er. Viele Hundeführer raten vom „Genossen machen" ab, weil sie der Meinung sind, dass man den Hund damit zum „Anschneider" erzieht. Bei den vielen, vielen Nachsuchen, bei denen meine Hunde allein zum Stück kamen (sicher über 500), wurden nur zwei Stück angeschnitten. Warum diese zwei, weiß ich nicht, aber alle anderen wurden nicht angerührt, weil meine Hunde wussten, dass sie was bekommen.

Ist der junge Hund bei den Nachsuchen auf die Spezies, auf die er geprägt ist, gut durchgearbeitet, hat er Totsuchen genauso wie Lebend-Nachsuchen erfolgreich abgeschlossen. Dann sollte man mit Nachsuchen auf anderes Wild beginnen, und zwar auch wieder am Riemen; als erste Arbeit sollte eine sichere Totsuche gewählt werden.

Ein gut motivierter und gearbeiteter Hund wird auch ein ihm nicht vertrautes Wild suchen. Speziell beim Schwarzwild muss man aber aufpassen, dass er nicht gleich bei seiner ersten Nachsuche verletzt wird. Es könnte nämlich durchaus sein, dass er dann künftige Nachsuchen auf diese Wildart verweigert.

Viele Hunde aber lieben es, gerade am wehrhaften Wild zu arbeiten. Hier ist es immer wieder erstaunlich, mit welcher dosierten Schärfe unsere Bracken zur Sache gehen. Die Verletzungsgefahr ist bei den Bracken wesentlich geringer als bei anderen Hunderassen und das, obwohl sie sehr schneidig an der Sau arbeiten.

Wildscharf müssen Bracken schon sein, schließlich reden wir von Jagdgebrauchshunden. Das heißt, eine Bracke muss Rehwild fassen und abtun. Tut sie das nicht, so ist sie entweder noch nicht fertig durchgearbeitet (was fast immer der Fall ist) oder sie ist zu wenig wildscharf. Mit so einem Hund sollte man auf keinen Fall züchten.

Wenn eine Bracke nicht zupackt, so hat sie wahrscheinlich nie gelernt, um ihre Nahrung zu kämpfen. Ein Fuchs, der nicht beherzt zubeißt, wird Hunger erleiden, wenn er seine Beute nicht rasch tötet. Unsere Hundewelpen müssen in den ersten Tagen ihres Lebens um die „Nahrung“, sprich Milchzitze, kämpfen.

Nur wenn der Welpe sich durchsetzt, wird er überleben. Helfen wir als Züchter nach, weil der Welpe möglicherweise zu klein ist oder es zu viele Welpen sind, so hat er schon in seiner Prägephase gelernt, dass er nicht kämpfen muss. Das wird sich wie ein roter Faden durch sein ganzes Leben ziehen. Er wird nicht beherzt kämpfen, sondern oft zu früh aufgeben: sei es beim Töten oder aber auch bei anderen anspruchsvollen Aufgaben wie zum Beispiel schwierigen Nachsuchen etc. An diesem Beispiel erkennen Sie, wie wichtig die richtige Behandlung der Welpen vom ersten Tag an ist und was gute von weniger guten Züchtern unterscheidet.

Zögert ein Junghund, am Stück anzufassen, dann sollte man ihn mit einem erfahrenen Hund, der schneidig würgt, mitarbeiten lassen. Auch der Wolfswelpe schaut seiner Mutter zu, wenn diese jagt. Oft genügt schon, einmal dabei zu sein, damit seine Wildschärfe geweckt wird. Förderlich für die Wildschärfe ist auch wehrhaftes Raubzeug. Wenn er Raubzeug abtut, wird er auch Rehwild niederziehen.

Sehr gute Hundeführer arbeiten nach jeder natürlichen Nachsuche eine künstliche Fährte. Eine wichtige und auch richtige Übung für den Hund, die zeigt, wie gut das Team zusammenarbeitet und wie gut der Hundeführer seinen Hund motivieren kann.

Speziell in der Zeit, in der wenig oder keine Nachsuchen anfallen, ist es wichtig, den Hund zu beschäftigen. Es gibt nichts Schlechteres als unterforderte Hunde. Denen fällt meistens viel Unsinn ein; sei es, dass sie weglaufen, Schuhe zerbeißen oder Familienmitglieder anknurren. Mit schwierigen, künstlich angelegten Fährten, so mein Rat, kann man auch in der stilleren Zeit seinen Hund sinnvoll beschäftigen.

Bracken bei Bewegungsjagden

Wenn man die Geschichte der Bracken zurückverfolgt, so waren diese immer als „jagende Hunde" abgebildet oder beschrieben. Die ersten Aufzeichnungen berichten darüber schon 1200 v. Chr. Seit nunmehr 3.000 Jahren jagen Bracken spurlaut das Wild aus der Dickung und helfen dem „Jägersmann" beim Beutemachen. Es ist noch gar nicht so lange her, da wurde bei uns noch sämtliches Wild mit der Flinte erlegt – mit grobem Schrott oder Brenneke, das Wild meistens durch spurlaute Hunde hoch gemacht, dem Jäger zugetrieben.

Die Weiterentwicklung der Waffen und Optik ermöglichten aber schon bald, weite und gezielte Schüsse auf große Entfernungen abzugeben. Dem Wild wurde von da an vom Hochsitz aus die gezielte Kugel angetragen. Bewegungsjagden waren nicht mehr notwendig. Treibjagden wurden und werden auch heute noch nur auf Niederwild abgehalten. Zur Fuchs- und Hasenjagd, speziell im gebirgigen Gelände, brauchte man aber sehr wohl noch die feinnasigen Bracken, um das Wild vor den Schützen zu bringen.

Diese wunderschöne „Brackenjagd" auf Hase und Fuchs wird auch heute noch sehr gern ausgeübt.

Aufgrund der hervorragenden Eigenschaften unserer Bracken wie Feinnasigkeit, Spurwille, Spursicherheit und Wildschärfe werden diese sehr häufig zum Nachsuchen eingesetzt und erbringen auf der Wundfährte überzeugende Leistungen. Durch die rasche Vermehrung und Ausbreitung des Schwarzwildes, speziell im Osten Österreichs, konnte man diese Wildart nur mit der Ansitzjagd allein nicht mehr ausreichend bejagen (Abschusszahlen von Schwarzwild in NÖ 1995: 2.000 Stück, 2012: 31.545 Stück). Um die Schäden und die Wilddichte in Grenzen zu halten, werden immer öfter Bewegungsjagden auf Schwarzwild abgehalten, ja sogar von den Behörden vorgeschrieben. Anfangs wurden wir zu diesen Jagden mit unseren Bracken nur zum Nachsuchen eingeladen; getrieben wurde mit Terriern. Heute werden unsere Bracken auch zum Anriegeln des Schwarzwildes erfolgreich eingesetzt. Unsere Bracke hat sich sehr schnell einen sehr guten Ruf als zuverlässiger Hund für diese Jagdart erarbeitet.

Spurlaut, Spurwille, genau dosierte Wildschärfe, beherztes Stellen mit dem unüberhörbaren Standlaut und der immer wiederkehrende Kontakt zum Führer überzeugen voll und ganz.

Dux, Aika und Ben – ein sehr gutes Team

Einsparungen beim Forstpersonal, schwierige Bejagung durch die immer größer werdende Anzahl freizeithungriger Naturbenutzer und noch viele andere Umstände haben es mit sich gebracht, dass auch Rotwild vermehrt auf Bewegungsjagden zur Strecke kommt. Häufig werden auch beide Wildarten, also Schwarzwild und Rotwild, gemeinsam bejagt. Auch hier haben sich unsere Bracken sehr bewährt, die nun erneut so verwendet werden wie vor 1.000 Jahren: **Jagende Hunde bringen das Wild wieder vor die Büchse des Jägers (früher „vor die Flinte").** Sie werden im Anschluss an die Bewegungsjagd auch gleich zum Nachsuchen eingesetzt.

Bevor man seinen Hund aber auf eine Bewegungsjagd führt, muss man wissen, was genau verlangt wird. Der Hund muss so wie bei allen anderen Aufgaben speziell auf dieses Betätigungsfeld eingearbeitet werden. Hunde, die auf Bewegungsjagden eingesetzt werden, müssen spurlaut sein. Dazu eignen sich ganz besonders alle Stöberhunderassen: Bracken, auch Bauhunde und da meistens die Terrier. Natürlich drängen auch andere Hunderassen, meistens aus Beschäftigungsmangel, zu den Bewegungsjagden. **Hier muss aber ganz deutlich gesagt werden: Hunde, die nicht spurlaut sind, gefährden den Erfolg jeder Bewegungsjagd.**

Hochwild, das durch spurlaute Hunde in Bewegung gebracht wird, geht zuerst flüchtig ab, wird aber schon nach einigen hundert Metern langsamer, bleibt dann stehen und verhofft zurück zu dem spurlauten Hund. Durch den Laut kann das Hochwild die Fluchtdistanz genau einschätzen und ist dadurch nicht gestresst.

Der spurlaute Hund, der mit der Nase am Boden jagt, ist eher langsam.

Rotwild lässt den spurlauten Hund oft bis auf 30–40 Schritte an sich heran, bevor es wieder flüchtig abgeht. Die Schützen haben dadurch – vorausgesetzt, dass sie richtig postiert sind – genügend Zeit, das verhoffende Rotwild anzusprechen und den Schuss auf das stehende Wild abzugeben. Die Strecke im Verhältnis zur Schussabgabe sagt da sehr viel aus. Bei einer Bewegungsjagd auf Rotwild, an die ich mich erinnere, kamen

28 Stück mit 36 abgegebenen Schüssen zur Strecke, was ein Indikator dafür ist, dass diese Jagd sehr gut organisiert war. Wir waren aber auch schon auf Jagden, auf denen die doppelte Anzahl an Schüssen abgegeben wurde. Auch an dieser Zahl kann einiges abgelesen werden.

Bei einer Bewegungsjagd auf Rotwild kann das Mitjagen von nur ein paar stummen Hunden die gesamte Jagd durcheinanderbringen. Wild flüchtet vor stummen Hunden panikartig, da es nicht weiß, wo sich der Verfolger gerade befindet. Das so aufgescheuchte Rotwild wird sehr weite Strecken in voller Flucht zurücklegen; ein Ansprechen wird dann nicht mehr möglich sein bzw. einen gezielten Schuss wird man dann nicht mehr anbringen können. Im Unterschied zum spurlauten Hund können sich die Schützen auch nicht auf das anwechselnde Wild vorbereiten. Hört man hingegen den Spurlaut näherkommen, kann man sich bereits auf das Bevorstehende vorbereiten. Bei einer gut organisierten Bewegungsjagd werden daher auch nur spurlaute Hunde zugelassen.

Grundsätzlich unterscheiden wir zwei Arten von Bewegungsjagden:

Bei der einen Art sind nur die Hunde allein im Trieb, bei der anderen sind Hundeführer und Hund gemeinsam im Treiben. Die sicherste Ausübung der Jagd ist sicher die, bei der nur die Hunde allein jagen. Diese Jagdart ist sehr empfehlenswert, wenn man auf Hochwild jagt. Treiber, Hundeführer und auch stumme Hunde beunruhigen das Wild unnötig, und das Fluchtverhalten lässt sich nicht einschätzen.

Bei Hochwildjagden nur mit spurlauten Hunden müssen die Schützen in der Nähe der Hauptwechsel im Bestand angestellt werden, über freie Flächen geht Rotwild selten. Die Hundeführer müssen je nachdem, ob sie „kurze“ oder „lange“ Hunde führen, an den Einständen angestellt sein, in denen man das Wild vermutet.

Unter „kurze Hunde“ versteht man Hunde, die allein nur kurze

Strecken absuchen und dann wieder zum Herrn zurückkommen. Unter „lange Hunde“ versteht man Hunde, die auch sehr weit weg vom Hundeführer arbeiten. Eine gute Mischung und die richtige Platzierung der jeweiligen Hunde sind für den Erfolg ausschlaggebend. Wenn auch sonst niemand den Stand verlassen darf, so muss das den Hundeführern gewährt werden, wenn ihr Hund zum Beispiel ein angeschweißtes Stück schon längere Zeit stellt, um den Fangschuss anzubringen.

Die Hundeführer sollten daher immer in signalfarbener Schutzbekleidung erscheinen, damit sie im Notfall von den Schützen erkannt werden. Außerdem sollten Hundeführer immer eine Waffe führen, die für den Fangschuss bestens geeignet ist. Überdies sollte ein anständiger Hirschfänger zur Standardausrüstung eines Hundeführers zählen.

Speziell bei Jagden auf Schwarzwild kann es vorkommen, dass mehrere Hunde eine Sau decken (festhalten). In solchen Fällen ist es oft nicht möglich, einen Fangschuss anzubringen, ohne einen Hund zu gefährden. Hier muss der Hundeführer das Wild mit der kalten Waffe abfangen. Die richtige Schutzbekleidung für Jäger und Hund bringt dabei schon einen wesentlichen Vorteil.

Bei Bewegungsjagden auf Schwarzwild ist es von Vorteil, wenn zumindest einige Hundeführer (natürlich in Signalkleidung) mit im Trieb sind. Dies ist ein gefährliches Unternehmen und fordert von den angestellten Schützen äußerste Disziplin. Es ist aber sehr oft notwendig, dass die Hundeführer mit dabei sind. Schwarzwild schiebt sich gern in Brombeerdickungen, aber auch in Weißdornbüschen ein und lässt sich durch die Hunde nicht herausdrücken.

Einer gut eingeschobenen Sau kann ein Hund nichts anhaben. Hört man über längere Zeit immer wieder Standlaut, so ist es meistens eine solche Situation. Es könnte aber auch sein, dass der Hund ein bereits angeschossenes Stück stellt. Als Hundeführer muss man dann dem Hund, der einen ja mit seinem Standlaut herbeiruft, helfen. Hunde, die sehr gut mit ihrem Führer zusammenarbeiten, kommen in solchen Situationen, wenn sich

Schwarzwild eingeschoben hat und nicht zu bewegen ist, zu ihrem Führer zurück, um diesen zu holen.

Mein Steirischer Rauhaarbrackenrüde Dux, der sich als „Saufinder“ schon einen Namen gemacht hat, kommt, wenn er die Sau nicht herausbringt, zurück zu mir und fordert mich mit lautem Gebell auf, mitzukommen und zu helfen. Das ist dann meistens sehr spannend. Das Schwarzwild hat sich natürlich immer in den unzugänglichsten Dickungen eingeschoben. Den Weg durch die Dornen muss man sich oft mit Baumschere und Machete freimachen. Häufig ist man schon auf einige Meter an der Sau; man hört sie, man riecht sie, aber man sieht sie in der Regel nicht. Man weiß nicht, wie groß das Stück ist, ob es gesund oder angeschossen ist. Wenn man so in den Dornen steckt, ist es oft auch gar nicht möglich, die Waffe für einen Fangschuss rechtzeitig hochzubekommen. Irgendwie aber ist es uns immer gelungen, das Stück in Bewegung zu bringen. Einmal in Bewegung, bedrängt

Das Lieblingswild von Dux sind Sauen.

durch den wildscharfen Hund, geht Schwarzwild oft kreuz und quer durch dick und dünn. Schwarzwild kommt daher nicht nur auf dem Wechsel, sondern kann überall aus der Dickung ausbrechen.
Wichtig für den Schützen ist, dass er durch den spurlauten Hund rechtzeitig aufmerksam gemacht wird, um sich vorzubereiten.

Ganz wichtig ist dabei auch, dass die Hunde eine leuchtende Signaljacke tragen, damit der Schütze Hund und Schwarzwild leicht unterscheiden kann. Schwarzwild ist ja bekanntlich sehr gelehrig und je öfter eine Bewegungsjagd abgehalten wird, umso schwerer lassen sich die Sauen ausjagen. Sie wissen nämlich bald ziemlich genau, was draußen passiert; deshalb bleiben sie lieber in schützender Dickung. Wichtig ist auch, dass die Hundeführer bei solchen Bewegungsjagden freie Büchse haben.

Wir waren mit unseren Hunden auch schon auf Bewegungsjagden eingeladen, wo wir keine Waffe führen durften. Nur den hochrangigen Gästen war der Schuss auf Schwarzwild vergönnt. Ich kann nur jeden Hundeführer davon abraten, zu solchen Jagden zu gehen. Ohne Waffe kann man dem Hund nicht helfen, und man kann vorher nie sagen, ob das Stück, das er gerade stellt, krank oder gesund ist. So bringt man sich und den Hund oft unnötig in Gefahr.

Bewegungsjagden werden abgehalten, um das Schwarzwild zu reduzieren. Somit muss auch der Hundeführer in brenzlichen Situationen schießen dürfen. Zu einem Privatjagd'l für Hundeführer im Trieb darf es aber auch nicht ausarten. Dies ist viel zu gefährlich für Hunde und Hundeführer und auch die angestellten Schützen können dadurch gefährdet sein. Fangschüsse aber müssen erlaubt sein.

In einigen Revieren ist den Hundeführern untersagt, Schusswaffen zu tragen, dort sind diese mit der „Saufeder“ bewaffnet. Diese altbewährte Waffe kann nur eingesetzt werden, wenn die Hunde eine Sau stellen. Sind mehrere Hunde an der Sau, ist ein Fangschuss meistens nicht möglich, aber mit der Feder kann man den „Fang“ geben, ohne dass man dabei die Hunde gefährdet.

Es ist allerdings nicht jedermanns Sache, eine Feder zu führen. Man muss schon sehr nahe an das Schwarzwild heran. Ein korrekt angetragener Stoß in die Kammer beendet aber sehr rasch das Leben des Schwarzkittels. Wenn es aber möglich ist, den Fangschuss zu geben, ohne jemanden zu gefährden, ist dieser vorzuziehen. Wichtig ist dabei aber die stoppende Wirkung. Ist die Wirkung des Geschosses zu gering oder die Kugel geht nicht ins Leben, kann es zu sehr gefährlichen Situationen kommen. Angeschweißtes Schwarzwild greift, in die Enge getrieben, blitzartig an; dann ist es schwer, einen zweiten Schuss anzubringen. Nicht nur der Keiler mit seinen Waffen ist gefährlich, auch Bachen und Überläufer beißen blitzschnell zu und können damit größere Verletzungen verursachen.

Bei der Auswahl des Fangschusskalibers sollte auch die Splitterwirkung berücksichtigt werden. Immer wieder werden die Hunde durch abgelenkte oder austretende Geschosssplitter schwer verletzt oder sogar getötet.

Warten auf den Einsatz

Ich persönlich führe, wenn ich zum „Nahkampf“ antrete, am liebsten eine kurzläufige Flinte mit dem Brenneke-Geschoss. Dieser Bleipatzen (um die 20 g) hat eine überaus stoppende Wirkung und splittert nicht; auch der rasche zweite Schuss ist ein großer Vorteil.

Schüsse, die weiter als 10 m gehen, sollten wegen der mangelnden Präzision besser vermieden werden. Ganz abraten muss ich von den Faustfeuerwaffen. Es fehlt die Stoppwirkung.

Nur wenn das Nervenzentrum getroffen wird, geht eine Sau zu Boden. Der Schuss auf die Kammer zeigt meistens nicht den gewünschten Erfolg. Auch Fehlschüsse sind bei diesen kurzläufigen Waffen sehr häufig und damit ist die Gefährdung für den Hund und Menschen sehr groß.

Am wichtigsten ist aber der verlässliche Hund. Wenn man sich der gestellten Sau nähert, so geht das meistens nicht lautlos und das gestellte Stück erwartet einen bereits. In dieser Situation muss der Hund seine Attacken erhöhen, um die Sau zu beschäftigen und somit den Angriff auf den Hundeführer zu vermeiden. Die beste Lebensversicherung ist immer der gute Hund. Ich für meinen Teil nähere mich einem Stück Schwarzwild nur mehr, wenn ich weiß, dass meine Hunde drauf sind.

Einarbeiten für Bewegungsjagden

So wie bei allen anderen Betätigungsfeldern muss die Bracke auch auf Bewegungsjagden eingearbeitet werden. Will man einen Vollgebrauchshund führen, d. h. die Bracke soll das Brackieren beherrschen und am Schweiß zuverlässig sein, darf man mit Bewegungsjagden nicht zu früh beginnen. Erst wenn das Brackieren sitzt, der Hund auf der Wundfährte und beim Verweisen sattelfest ist und die Gebrauchsprüfung erfolgreich bestanden hat, sollte man zu den Bewegungsjagden kommen. Bewegungsjagden **verlangen einen erwachsenen, ausgereiften**

Hund, der mit den vielen neuen Eindrücken fertig wird und dessen Nervenkleid gefestigt ist!

Bei den ersten Bewegungsjagden, an denen man teilnimmt, darf der Hund nicht freigelassen werden. Bei seinem Herrl am Stand verweilend, soll der Hund die ersten Eindrücke einer derartigen Jagd erleben.

Der nächste Schritt sind Nachsuchen bei oder nach einer Bewegungsjagd. Diese fordern vom Hund ein starkes Nervenkleid und Konzentration. Oft ist der zweite Trieb gerade im Gange, während im ersten Trieb schon mit der Nachsuche begonnen wird.

Treiberlärm, jagende Hunde und Schüsse bilden eine ungewohnte Lärmkulisse. Viele Wild-, Hunde- und Menschenfährten kreuzen die Schweißfährte. Oft wird noch ein erlegtes Stück über die Wundfährte gezogen. Lauter Eindrücke, die es bei einer „normalen" Nachsuche nicht gibt. Der Hund muss dementsprechend gefestigt sein. Wichtig ist weiter, dass der Hund die Wildart bereits kennt, die er nachsucht.

Muss der Hund geschnallt werden, verlangt es schon sehr viel Fährtentreue. Allzu leicht lassen Hunde von der Fährte ab und eilen den anderen, laut jagenden Hunden oft zu. Eine Nachsuche bei einer Bewegungsjagd kann also ganz schön schwierig werden.

Wenn es möglich ist, begleite ich gern junge Hunde bei den ersten Nachsuchen. Mit Dux als altem, erfahrenem Hund kann ich jederzeit einspringen, wenn es notwendig wird.

Ist die Sau womöglich noch ziemlich gesund und für den unerfahrenen Hund sehr gefährlich, kann ich Dux dazuschnallen. Das gibt dem Hundeführer und auch dem Hund oft die nötige Unterstützung, die man zu Beginn brauchen kann. Als Leistungsrichter kann ich dabei häufig eine natürliche Nachsuche bzw. den Härtenachweis bei wehrhaftem Wild beurteilen.

Hat der Hund auch solche Nachsuchen problemlos bewältigt, kann man damit beginnen, ihn zum Aufsuchen des Wildes einzusetzen.

So wie man bei der Brackade „Einarbeiten auf den Hasen“ macht, muss man den Hund jetzt zum Beispiel zum Einarbeiten auf die Sau oder Rotwild anhalten. Auch hier beginnt man den Hund auf einem frischen Sauwechsel, der in den Einstand führt, wo man das Schwarzwild vermutet, anzusetzen. Gezielt soll er die Fährte ausarbeiten und so zum Stück finden.

Wie beim Hasen muss der Hund auch hier lernen, auf der Fährte zum Stück zu finden. Hat er das gelernt, wird er zu einem guten „Finder“ werden.

Wenn man den Hund hingegen einfach nur schnallt und wegschickt, weiß er erstens nicht, was er suchen soll und wird so womöglich zu einem „Flieger“, der ab und zu, rein zufällig, auf Wild kommt.

Er wird aber auch oft über Wild, das noch drinnensteckt, rüberfliegen und es nicht mehr finden. Solche Hunde erkennt man sehr

Mit Dux als altem, erfahrenem Hund sind Nachsuchen auch während einer Bewegungsjagd möglich.

leicht durch ihr planloses Hin- und Herlaufen; zuverlässige „Finder" werden sie aber nie.

Hat der Hund gefunden, ist das schon das erste Erfolgserlebnis. Kann er das Stück dann auch noch vor die Büchse bringen und es kommt zustande, war das Einarbeiten perfekt. Ein solches Erlebnis ist sehr wichtig für den Hund, denn er wird später nach dem gleichen Muster arbeiten.

Stellt sich das gefundene Wild, so soll man dem Hund helfen, aber bitte nicht zu früh! Die Bracke muss allein versuchen, das Stück aus der Dickung zu drängen. Harte Attacken dürfen ohne Weiteres stattfinden, kopfloses Anfliegen, wodurch der Hund meist verletzt wird, ist bei unseren Bracken in den seltensten Fällen zu beobachten. Nur wenn der Hund schon über 15 bis 20 Minuten energisch versucht hat, das Stück herauszubekommen, dann sollte man lobend zu Hilfe eilen und gemeinsam das Stück austreiben. Wenn es krank ist, sollte es natürlich erlegt werden.

Solch gemeinsame Jagderlebnisse verbinden. Wenn man zu früh zu Hilfe eilt, erzieht man den Hund zur Bequemlichkeit. Seine Versuche, das Wild auf die Beine zu bringen, werden eher schwach ausfallen, wohl auch in der Hoffnung, dass die Arbeit ja eh das Herrl macht.

Also Vorsicht!
Hunde sind sehr schlau und bequem!

Ein weiterer, sehr positiver Effekt bei den Bewegungsjagden ist der gute Orientierungssinn unserer Bracken. Wenn man den Hund vom Stand schnallt, ist es für ihn noch relativ leicht, zurück zu seinem Führer zu finden. Bei den Bewegungsjagden, wo die Hundeführer mit durch den Trieb gehen, ist es schon schwieriger für den Hund, sein Herrl zu finden. Mit ihrem guten Orientierungssinn und ihrer guten Nase findet uns die Bracke aber immer. Für den Hund ist es auch kein Problem, wenn man zu Fuß zum Auto zurückkehrt.

Er wird auf der Führerfährte nachkommen, egal wie viele Personen miteinander zurückgehen.

Muss man dann aber mit dem Auto wegfahren (aus welchem Grund auch immer), sollte dem Hund dort ein Kleidungsstück seines Führers ausgelegt werden. Wenn der Hund „Ablegen beim Rucksack“ oder „Ablegen am Wetterfleck“ gelernt hat, wird er dort auf seinen Führer warten.

Ganz falsch ist es, wenn andere Personen den Hund nach Ende der Jagd möglicherweise anleinen und mitnehmen. Es ist wichtig, dass man das zu Beginn der Jagd verkündet. Mit dem gut gemeinten Mitnehmen eines anderen Hundes kann man die Hunde rasch verderben.

Der Hund muss lernen, dass er seinen Führer sucht. Ist der nicht mehr anwesend, wird er am abgelegten Wetterfleck seines Führers warten, und zwar egal wie lange. Es gibt nichts Unangenehmeres, wenn nach der Jagd die Suche nach den Hunden beginnt. Einen Hund zu suchen ist, wenn er richtig geführt ist, nicht notwendig. Es sei denn, man muss annehmen, dass er verletzt ist. Aber auch hier ist es notwendig, bevor man zum Suchen aufbricht, dass man ein Kleidungsstück hinterlegt.

Wie gut der Orientierungssinn unserer Bracken ist, hat uns Arno, der Brandlrüde von Johannes Wurm, gezeigt. Wir waren zum Saujagen ins tiefste Waldviertel eingeladen. Unsere Autos stellten wir beim Treffpunkt in der Nähe des Gasthofes ab; wir wurden mit Traktoren in das 5 km entfernte Revier gebracht. Am Ende der Jagd fehlte Arno. Wie gewohnt, wurde der Wetterfleck hinterlegt und wir fuhren mit dem Traktor zurück zum Gasthof. Nach zwei Stunden fuhr Johannes mit dem Auto zum Wetterfleck, aber sein Hund war nicht da. Also wieder zurück in das Gasthaus. Nach insgesamt vier Stunden schaute auf einmal Arno Laut gebend zum Fenster herein. Er war die ganze Strecke zurückgekehrt, obwohl er noch nie in dieser Gegend war und wir mit dem Traktor unterwegs waren, also keine „Fährte“ hinterlassen hatten. Solche und ähnliche Erlebnisse haben wir schon oft bewundert; es bleibt für uns ein Rätsel, wie so etwas funktioniert.

Hat man eine Bracke gewissenhaft auf Bewegungsjagden eingearbeitet, wird man erstaunt sein, mit welcher Intelligenz und welchem Jagdverstand diese Hunde arbeiten. Einmal bekannt, wird man immer wieder eingeladen.

Es ist auch immer wieder erstaunlich, wie rasch sich die Hunde auf das zu jagende Wild einstellen und andere Wildarten in aller Regel in Ruhe lassen. Man braucht auch keine Angst zu haben, dass Hunde, die man für Bewegungsjagden einsetzt, am Schweiß nicht mehr so gut sind. Genau das Gegenteil kann ich beweisen. Hunde sammeln auf Bewegungsjagden so viel Erfahrungen wie sonst nirgends: viele Fährten, viele Hunde, oft auch mehrere Wundfährten, die sich kreuzen und noch vieles mehr. Ein Hund hinter dem Kachelofen oder im Pajero kennt das alles nicht.

Zugegeben: Bewegungsjagden sind kein Kinderspiel und kein Vergnügen, sondern harter, jagdlicher Einsatz, der mit unseren Bracken wiederum sehr viel Freude bringt.

Vorbereitung für die Bewegungsjagd

Unsere Brandlhündin Asra von Kirchbichl hat mit 2 Jahren – bestens vorbereitet durch meine Frau Margarete – bei der Gebrauchsprüfung einen 1. Preis erreicht. Die Hündin ist sehr leichtführig und arbeitet auf der Wundfährte angenehm ruhig. Und so haben wir begonnen, Asra für die Bewegungsjagden vorzubereiten.

Bei einigen Niederwildjagden, bei denen sie dabei war, hat Asra durch ihre Standruhe gepunktet, auch die diversen Nachsuchen auf angebleite Hasen und Fasanen meisterte sie bravourös. Ich war sehr zufrieden.

Bei den darauffolgenden Bewegungsjagden auf Hoch- und Schwarzwild zeigte Asra trotz vorbeijagenden Hunden und

Treiberlärm ihre besonnene Ruhe. Bei einer Bewegungsjagd in den Voralpen ergab sich dann eine passende Nachsuche auf ein Stück Rotwild. Da der Schütze auch gleich Leistungsrichter war, nutzten wir diese Arbeit zur natürlichen Schweißprüfung.

Das Hirschtier wurde in sehr steilem Gelände von spitz vorne beschossen. Nach dem Schuss ging das Tier hochflüchtig, quer zum Hang, ab. Nach ca. vier Stunden konnten wir mit der Nachsuche beginnen. Am Anschuss war kein Schweiß, aber nach ca. 50 m waren einige Tropfen zu finden. Asra, welche von meiner Frau geführt wird, untersuchte den Anschuss sehr lange und ging dann ruhig, alles genau untersuchend, der Wundfährte nach.

So alle 50 m verwies sie uns den einen oder anderen Schweißtropfen. Es war sehr wenig Schweiß, aber genug, um zu bestätigen, dass sie richtig war. Nach ca. 400 m konnte man erkennen, dass Asra die Fährte verloren hatte. Ruhig suchte sie alles ab und griff

Der Schütze und das Nachsuchengespann nach erfolgreicher Prüfung: Gregor, Asra und Grete

selber ungefähr 30 m zurück und bog dann im rechten Winkel steil bergab. Nachdem sie abermals Schweiß verwies, wurde Asra geschnallt und knapp 100 m unter uns fand Asra das bereits verendete Stück, welches sie auch freudig verwies. Es war ein sehr altes Hirschtier mit einem weißen Haupt (Alter ca. 15 bis 20 Jahre) mit sehr schönem Grandl. Der Schuss war seitlich hinter dem Blatt eingetreten, und es war kein Ausschuss vorhanden, daher fand sich auch sehr wenig Schweiß in der Fährte. Obwohl noch einige Hunde spurlaut unterwegs waren, ließ sich Asra bei der Nachsuche nicht herausbringen und arbeitete die Fährte ruhig und sicher aus.

Die Freude auf beiden Seiten war groß und die Benotung der natürlichen Schweißfährte fiel sehr gut aus.

Da Asra bewiesen hatte, dass sie mit den Gegebenheiten bei Bewegungsjagden zurechtkommt, durfte sie bei der nächsten Bewegungsjagd zum ersten Mal mitjagen. Diese Bewegungsjagd fand an einem wunderschönen Jagdtag in einem wildreichen Revier statt. Rund 20 Schützen und wir sechs Hundeführer begaben uns schon zeitig in der Frühe in das Revier. Eine dünne Schneedecke glänzte in der kalten Morgensonne: „Jägerherz, was willst du mehr!“, dachte ich. Als im Trieb eine Rotte Sauen an uns vorbeiwechselte und sich nach ca. 100 m in die Brombeeren einschob, war es dann soweit. Mein sehr erfahrener Rüde Dux sollte jetzt Asra das Handwerk auf Sauen beibringen. Und er machte es – wie immer – sehr gut:

Auf der Fährte arbeiten sich beide Bracken hinunter bis in den Einstand der Sauen. Laut ertönt der Standlaut von Dux – unverkennbar tief –, aber auch der Standlaut von Asra, der ganz aufgeregt ertönt und für eine Hündin unglaublich tief klingt. Für einen Brackenführer ist das wohl die schönste Musik, die er sich wünscht. Gleiches dürfte für viele Jäger gelten, steigt jetzt doch die Spannung.

Nach rund zehn Minuten Standlaut kommt Bewegung in die Sippe, unter lautem Spurlaut verlässt die Rotte ihre schützende

Dickung und kurz darauf fallen Schüsse. Besser kann es nicht gehen. Nach ca. 30 Minuten kommen beide Hunde zurück zu mir, freudig und zufrieden. Der erste Einsatz von Asra ist also zufriedenstellend verlaufen. Aber es kommt noch besser. Am Nachmittag, beim zweiten Trieb, lasse ich Asra allein arbeiten, Dux bleibt an der Leine. Immer wieder hören wir den Spurlaut von Asra, sie ist also zu unserer Freude am Wild. Schon gegen Ende des Triebes wechselt ein starkes Rudel Hochwild (ca. 60 Stück) direkt auf uns zu. Links und rechts strömen die Hochwilder an uns vorbei, gefolgt von ca. 20 Stück Muffel. Ein unglaubliches Erlebnis in unseren Breiten.

Bevor das Rudel aber den Waldrand erreicht, dreht es ab und bleibt somit in der Dickung. Um das Wild vor die Schützen zu bringen, schnalle ich Dux, der sie hinaustreiben soll. Aber was macht Dux? Anstatt dem Rudel nachzueilen, quert er alle Fährten und ist im gegenüberliegenden Unterholz verschwunden.

„Das gibt es doch nicht“, sagt meine Frau, „jetzt schaut er nicht einmal das Hochwild mehr an, das ihm fast auf die Zehen gestiegen ist!“ Etwas verwirrt gehen wir in Richtung Sammelplatz. Das Hochwild hat sich erfolgreich gedrückt, da kein Schuss mehr gefallen ist. Auch die anderen Treiber sind von Dux ziemlich enttäuscht.

Auch von Asra ist weit und breit nichts zu hören und zu sehen.

Als wir ganz oben bei unseren Autos angelangt sind, sagt meine Frau: „Hör mal, ist das nicht Dux?“ Wir gehen ein Stück und dann ist deutlich etwas zu hören; drüben aus der Dickung ertönt Standlaut. Und was für welcher; Dux total zornig und Asra ganz aufgeregt. Am „Laut“ weiß ich, dass Dux eine Sau in Arbeit hat, die nicht nachgibt; es handelt sich also um keinen Frischling.

Da die Jagd schon abgeblasen war, melde ich den Verantwortlichen, dass ich mit meiner Frau nachschauen gehe.

Schnell zwei Brenneke in den Lauf und ab geht’s in Richtung der Dickung. Bald versperren uns ein Buchenanflug, durchsetzt mit 2 m hohen Brombeeren, den Weg, das Weiterkommen scheint fast unmöglich.

Dux und Asra haben unser Kommen schon bemerkt (vermutlich auch die Sau), denn die Attacken werden intensiver; es bewegt sich aber nichts. Kurz darauf kommt Dux aus der Dickung, winselnd und jaulend fordert er mich auf, zu helfen. Das macht er immer, wenn er das Stück allein nicht in Bewegung bringt. Da wir aber keine Machete mithaben, rüde ich Dux noch einmal an. „Fass die Sau, komm pack sie!", feuere ich beide Hunde an. Keine 10 m vor uns hören wir das Blasen und Grunzen. „Das ist keine kleine Sau", sage ich zu meiner Frau, die etwa 5 m neben mir steht.

Da überschlagen sich die Ereignisse im wahrsten Sinn des Wortes.

Blitzschnell saust der Keiler aus der Dickung auf meine Frau zu und wirft sie in das Gebüsch. Ich stehe nebenbei, aber es geht so schnell, dass ich nicht einmal mit dem Gewehr zum Gesicht komme. Da dreht der Keiler um und will meine am Boden

Hosenflicker

liegende Frau abermals angreifen. Zum Glück sind in diesem Moment beide Hunde da. Dux packt den Keiler an der Flanke und Asra steht schützend vor meiner Frau. Entsetzt dreht der Keiler ab und flüchtet den Hang hinauf. Jetzt erst kann ich eingreifen und ich schicke ihm die zwei Brenneke nach.

Am ersten Schuss knickt er hinten ein, auf den zweiten Schuss steckt es ihn zusammen. Er rappelt sich hoch und flüchtet über den Bergrücken. Dux ist spurlaut hinterher.

Zum Glück steht meine Frau schon wieder, etwas blass bemerkt sie, dass sie Gott sei Dank nicht verletzt ist. Die anderen Treiber, die etwa 30 m hinter uns waren, kamen jetzt ganz vorsichtig hinter den Bäumen hervor. Es schaut schon fast lustig aus, wie zaghaft sie herbeieilen, besorgt um die Gesundheit meiner Frau.

„So ein Sauviech, jetzt aber hinterher!“, lautet die Devise meiner Frau, die sich offensichtlich schon wieder gefangen hat.

Jenseits des Bergrückens ertönt schon wieder der Standlaut unserer zwei. „Zeit lassen“, sage ich, „die Sau ist schwer krank, die kommt uns beiden beim Ar… nicht mehr aus!“ Um die Bail nicht zu brechen, mache ich mich allein auf den Weg. Ich bin noch nicht weit gekommen, da fällt ein Schuss und die Hunde sind still.

Jetzt sind alle erleichtert, denn wir wissen, die Jagd ist beendet.

Ein Schütze und ein Standbegleiter sind gerade am Weg zu ihren Autos, als sie die Hunde und meine zwei Schüsse hören. Als die Hunde oben abermals Standlaut geben, können sie die Bail angehen und den Fangschuss antragen. Bald sind wir alle um den Keiler versammelt.

Aufgeregt wird der Jagdablauf geschildert und der Brustwärmer mit Weidmannsheil herumgereicht. Der Überläuferkeiler wiegt 70 kg, ein richtiger „Hosenflicker“, und hat am Hinterlauf ober den Afterklauen den Schuss drauf. Meine beiden Schüsse gingen – der erste weich und der zweite von hinten – in den Träger. Der herbeieilende Jäger konnte der schwer kranken Sau aus kurzer Distanz den Fangschuss antragen.

Das bewundernswerteste an diesem Erlebnis ist aber mein steirischer Sturschädel Dux. Nachdem rund 60 Stück Hochwild links und rechts von uns vorbeilaufen, schicke ich denen Dux nach, damit sie vor die Schützen kommen. Was macht Dux? Er widersetzt sich meinem Befehl, quert all diese Fährten und ist weg. Erst viel später weiß ich warum.

Und hier muss ich wieder an den Titel dieses Buches verweisen: „Darum Bracken!“ Dux hatte die Krankfährte der Sau nämlich schon lange in der Nase, nur ich wusste es nicht. Die vorbeieilenden Hochwilder interessierten ihn jetzt nicht mehr.

Spurwille, Fährtensicherheit, Finderwille, das zu jagen, was Erfolg verspricht: das ist es, was eine richtig geführte Bracke von vielen anderen Hunden unterscheidet. Zeigen Sie mir einen Stöberhund, der in dieser Situation nicht dem Hochwild nachjagt.

Auch die Treiber waren zu diesem Zeitpunkt enttäuscht von Dux. Erst nachher haben sie zum Glück gesehen, was die Ursache dafür war, dass Dux meinen Befehl nicht ausgeführt hat.

Auch das Zusammenspiel von Hund und Führer ist jedes Mal ein Erlebnis, das einem die Augen feucht werden lässt. Wenn Dux die Sau allein nicht herausbringt, dann holt er mich. Einander helfen heißt die Devise, und die ist meist erfolgreich, das weiß auch der Hund.

Asra war ebenfalls an der kranken Sau. Hatte sie schon vorher die Wundfährte gearbeitet und gestellt? Oder hat sie Dux gehört und ist beigestanden? Im Nachhinein lässt sich das nicht klären, aber eines ist fix: Egal wer als Erster an der Sau war, beide haben hervorragend zusammengearbeitet und eine großartige Leistung gezeigt. Dux war auf jeden Fall wiederum ein guter Lehrmeister und Asra eine gute Schülerin. Der Einstand von Asra bei Bewegungsjagden war am ersten Tag, an dem sie jagen durfte, ein sehr gelungener. Der ganze Jagdtag verlief sehr gut, immerhin lagen am Abend über 100 Stück auf der Strecke und das in freier Wildbahn!

„Bea vom Tal Wachau“

Jagderlebnisse mit Bracken

Fuchsstamperer

Eine Stunde lang stehe ich jetzt schon im Schnee, dicht an eine Buche gedrückt, und genieße die warmen Strahlen der Wintersonne. Von unten her kriecht aber die Kälte schön langsam in die Zehen. Ein herrlicher Tag! Neuschnee und Sonnenschein, gerade richtig für einen Fuchsstamperer. „Denn da liegen sie ja gerne heraußen", sagen die „alten Hasen" (sprich Jäger). Schön langsam, so denke ich, könnte sich was tun …

Mein inniges Flehen wird erhört. Weit unten im Graben höre ich das Geläute einer Bracke; sie bewegt sich, so meine ich, in meine Richtung. Schlagartig ist mir warm, gespannt lausche ich dem „Wiff-Waff" des jagenden Hundes entgegen. Längst ist meine Flinte schussbereit, und ich schaue konzentriert in die Richtung, in der ich den Hund vermute. Es ist noch ganz schön weit weg, denke ich. Da reißt es mich. Jetzt hätte ich fast den heranschnürenden Fuchs übersehen! Zügig, immer wieder zurückverhoffend wechselt der Fuchs unter mir durch. Ein etwas übereilter Schuss reißt den Fuchs von den Pranken und lässt ihn hinunterrutschen. Ich kann ihn nicht mehr sehen und warte gespannt, ob er irgendwo wieder auftaucht. Unterdessen kommt die Brandlbracke auf der Fuchsspur von unten herauf. Dass die so weit hinter dem Fuchs ist, hätte ich nicht vermutet. Jetzt wird es spannend: Gleich muss sie zum Anschuss kommen und mit einem Jauchzer reißt es die Hündin herum in Richtung der Fluchtfährte des Fuchses. Kurz darauf höre ich unter mir einen zornigen Standlaut. Offensichtlich ist der Fuchs noch am Leben. Vorsichtig, das Gewehr schussbereit, pirsche ich mich hinunter, um eventuell einen Fangschuss antragen zu können. Nur kurz kann ich den Fuchs erblicken, als dieser die Bail bricht und versucht, das nahe Dickicht zu erreichen. Aber da ist die Hündin schon über ihm und schonungslos würgt sie den Fuchs ab.

Mir zittern ganz schön die Hände, als ich meine Flinte entlade. Und als ich mich bewundernd der Hündin nähere, gibt sie mir klar zu verstehen, dass das ihre Beute ist. Also setze ich mich etwa 10 m neben Hund und Fuchs auf einen Baumstrunk und zünde mir genüsslich eine Zigarette an. Wie im Film laufen die letzten Sekunden noch einmal vor meinen Augen ab. Herrlich, das Brackengeläut im sonst so ruhigen Winterwald! Und dann, blitzartig, der Fuchs und der Schuss. Dass diese zarte Hündin, die ich eigentlich nur freundlich kenne, so entschlossen den Fuchs würgt, das ist schon was!

Ich habe meine Zigarette noch nicht ganz fertig geraucht, da

Ein starker Rüde

kommt Anka herauf zu mir und holt sich, wie sonst auch immer, ihre Streicheleinheiten. Nur heute fallen diese ein wenig intensiver aus. Überglücklich vor Freude drücke ich die Hündin an mich und streichle sie mit lobenden Worten. Nur wer so etwas erlebt hat, kann diese Gefühlsregungen verstehen.

Freundlich fordert mich Anka dann auch noch auf, mit ihr zum Fuchs zu gehen. Voller Stolz kann ich den starken Rüden emporheben. Ankas Beutetrieb hat sich nun schon in Freundschaft verwandelt; gemeinsam gehen wir zum Sammelplatz. Groß ist die Freude bei den wartenden Weidkameraden, als ich den Fuchs zur Strecke lege. Ich fühle eine tiefe, dankbare Freude in mir, wie ich sie noch selten empfunden habe.

Ab jetzt weiß ich es ganz genau: Wenn es nur irgendwie möglich ist, hole ich mir so einen Jagdkollegen – einen vierbeinigen – ins Haus!

Brackieren mit Birko

Als ich 1978 meine erste Brandlbracke bekam, war diese Rasse bei uns im Mostviertel (NÖ) ebenso wenig wie die Brackierjagd bekannt. Wie auch, hatten wir doch bis Ende der 1960er-Jahre einen ganz guten Niederwildbesatz, und die meisten Jäger führten Vorstehhunde.

Mein erster Hund war ebenfalls ein Deutsch-Kurzhaar. Als anfangs der 1970er-Jahre das große Umdenken in der Landwirtschaft spürbar und die Bewirtschaftung im steigenden Maße technisiert wurde, ging es mit dem Niederwild rapide zur Neige. Heute werden nur vereinzelt Treibjagden auf Niederwild abgehalten. Diese sind meistens nur mehr „Brauchtumspflege“, als Strecken zu machen.

Eine Bracke zum Brackieren abzuführen, ist in unserem Revier nicht leicht. Kleinstrukturierte Flächen wechseln sich ständig ab, anstelle der großen Waldflächen gibt es bei uns mehr bewaldete Gräben und kleine Schacherl, dazwischen Wiesen und ein paar kleine Felder. Zu den einzeln gelegenen „Vierkantern" führen asphaltierte Wege, auf denen die Autos sehr schnell unterwegs sind – wie die Kfz-Strecke das immer wieder sehr deutlich belegt.

Der damalige Jagdleiter mochte noch dazu keine Hunde. Hunde verleiteten nur zum schlampigen Schießen, lautete seine Meinung. Interessant war, dass die Hunde ihn auch nicht mochten. Fiel wirklich einmal eine Nachsuche beim Jagdleiter an, verweigerten meine Hunde jedes Mal die Arbeit, was seine Theorie zusätzlich zu bestätigen schien.

Heute wissen die meisten Jäger, dass man ohne Übung keine guten Hunde ausbilden kann; deshalb stellen sie ihre Reviere gern zur Verfügung. Natürlich gibt es auch unter den Jagdausübungsberechtigten Uneinsichtige, aber auch die werden einmal einen Hund brauchen, und spätestens dann sollten wir mit ihnen darüber reden. Beeindruckende Nachsuchen-Leistungen von der damals einzigen Brandlbrackenhündin im Bezirk „Didi von der Koralpe" halfen mit, den Bekanntheitsgrad der Bracken zu vergrößern und die Arbeit der Bracken zu akzeptieren.

Als die Gehorsamsfächer, im Speziellen das „Herankommen", schon gut funktionierten, setzte ich meinen damals vier Monate alten Brackenrüden Birko von Türkenschuss zum ersten Mal bewusst zur Hasenfährte. Vom Hochsitz aus hatte ich schon den ganzen Morgen einen Hasen beobachtet, und ich wusste sogar, wo er ins Lager gegangen war. So zirka 100 m vor dem Lager legte ich den jungen Rüden am Schweißriemen zur Hasenfährte. Wie bei jeder anderen Fährte war das Interesse sehr groß, und unter meiner anfeuernden Aufforderung „Such's Haserl!" näherten wir uns der Sasse. Meister Lampe ließ uns auf ein paar Schritte herankommen, bevor er Haken schlagend das Weite suchte. Birko wollte natürlich sofort nacheilen. Geduldig musste er aber zehn Minuten warten, sodass nichts mehr vom Hasen zu sehen war, bis wir auf der Fährte am Riemen weitersuchten. Ab und zu einen zaghaften Quietscher machend, folgten wir der Fährte bis zum ersten Haken. Dort wurde es schwierig. Natürlich suchte Birko über den Haken hinaus, und erst nach einigen Versuchen gelang es ihm, der richtigen Spur zu folgen. Um den jungen Hund aber körperlich nicht zu überfordern, trug ich ihn aber bald ab. Mit viel Lob beendeten wir den ersten Versuch auf der Hasenfährte.

Nur zur Aufklärung: Natürlich weiß ich, dass Fuchs und Hase eine „Spur" hinterlassen und Schalenwild eine „Fährte". Wir Brackenjäger sprechen auch beim Hasen und beim Fuchs von einer „Fährte". Eine Bracke wird zur Fährte gelegt oder arbeitet eine Hasenfährte – aber keine Hasenspur. Das zur Erläuterung.

Solche Übungen, bei der die Bracke gezielt zur Hasenfährte geführt wird und am Riemen gearbeitet wird, absolvierten wir zu diesem Zeitpunkt einige Male in der Woche. Erst als Birko die Haken am Riemen einigermaßen arbeitete, nahm ich ihm auf der Fährte die Halsung ab, und Birko durfte allein weitersuchen. Anfangs etwas überrascht, suchte er aber zielstrebig weiter, und aus dem anfänglichen Quietschen wurde langsam der Spurlaut. Birko war mit viel Begeisterung und einem enormen Spurwillen bei der Sache, und so wurden die Brackaden immer länger.

Auch das Warten auf meinen Hund wurde immer länger und länger. Auf genau das aber muss sich der junge Hund verlassen können. Er muss wissen: Mein Herrl wartet ganz sicher dort auf mich, wo ich ihn verlassen habe. Nur so traut sich ein junger Hund länger auf der Fährte zu bleiben. Man braucht aber keine Angst zu haben, dass die Bracke nicht zurückfindet. Der angewölfte Orientierungssinn lässt die Bracke immer wieder zum Ausgangspunkt zurückfinden, egal ob daheim oder in einem völlig fremden Revier.

Um die Brackade zu festigen, war es nun an der Zeit, Birko einen Hasen vorzuschießen. Das spricht sich leichter, als es getan ist. So lange, bis der Hase wendete und retour kam, blieb er noch nicht drauf. Also holte ich ein paar Jagdkollegen, die im Revier mit dem Auftrag verteilt wurden, den Hasen zu schießen – aber erst, wenn er schon einige Zeit brackiert wurde. Birko sollte lernen, dass dann, wenn er länger draufbleibt, Beute gemacht werden kann. Es brauchte aber einige Versuche, bis unser Vorhaben funktionierte.

Als dann der erste Hase vor Birko rollierte, war die Freude groß. Schneidig fuhr er ihm in die Wolle und schüttelte ihn noch kräftig tot. Dann verbellte er ihn vor lauter Freude. Nachdem er sein Gemüt abgekühlt hatte, begann er, nach mir Ausschau zu halten. Der Schütze, der den Hasen schoss, ließ sich, wie vereinbart, beim Hund nicht sehen. Als Birko merkte, dass ich nicht komme, versuchte er den Hasen zu apportieren. Nach einigen Metern ließ er den Hasen aber fallen und eilte freudig zu mir zurück, wo er an mir vor lauter Freude hochsprang und mich bellend aufforderte, mitzukommen. Birko verwies mir seinen ersten Hasen! Dementsprechend groß war das Lob und ich tauschte den Hasen gegen ein paar „Leckerli" ein. Totverweisen, wie in diesem Fall, funktioniert bei den meisten Bracken von selbst, vorausgesetzt, dass Hund und Führer bestens harmonieren. Die Bracke will natürlich ihrem „Rudelführer" und besten Freund die Beute zeigen. Ist der Rudelführer aber ein Grobian, dem man nicht vertrauen kann, wird das Verweisen eine Zwangsverpflichtung, die man nur mit viel, viel Arbeit festigen kann.

Nachdem das Brackieren schon bald recht gut funktionierte – einige vorgeschossene Hasen zeigten Wirkung –, ging es daran, dass sich Birko den Hasen selbstständig suchen musste. Birko hatte bis jetzt gelernt, dass, wenn er am Waldrand entlang sucht (wenn bis jetzt auch nur am Riemen) und auf eine Hasenfährte stößt, er diese arbeitet, bis er zum Hasenlager kommt. Er hatte weiter gelernt, dass, wenn der Hase dann hoch wird, er nach Herzenslust jagen darf, und wenn er lange genug dranbleibt, kann er auch Beute machen. „Brackenherz, was willst du mehr!"

Als das alles einigermaßen gut funktionierte, ging ich mit Birko daran, ihn den Hasen alleine suchen zu lassen. Wie zuvor stellte ich mich am Waldrand auf, nahm der sitzenden Bracke die Halsung ab, und mit dem Befehl „Such's Haserl!" schickte ich Birko los. Wie gewohnt hat die Bracke entlang des Waldrandes nach der Hasenfährte gesucht, diese gefunden und bis zum Lager gearbeitet und den frisch gehobenen Hasen helljauchzend brackiert.

Der erfolgreiche „Hasenfinder“ muss gelernt haben, die Hasenfährte bis zum Lager zu arbeiten! Wenn man den Hund, ohne vorher die Fährtenarbeit gelehrt zu haben, einfach in den Wald schickt, um den Hasen zu suchen, wird dieser nicht wissen, was er suchen soll. Steigt er zufällig auf einen Hasen, wird er natürlich diesen jagen. Aber er wird sein Leben lang, weil er nicht systematisch sucht, ein Zufallsfinder sein, und er wird sehr oft über den Hasen im Lager drübersteigen, ohne dass dieser hoch

Hasen finden ist nicht leicht! Im Hintergrund unser „Obertreiber“

und somit brackiert wird. Er wird folglich selten auf einen Hasen, sondern umgekehrt wieder auf Rehe kommen, die er dann jagen wird. Und der Hundeführer wird schimpfen: „Nur Rehe jagen hat dieser Köter im Kopf!“ Er weiß nicht, dass falsches Einarbeiten seinerseits am Fehlverhalten seiner Bracke schuld ist.

Birko jedenfalls hatte sehr schnell heraus, wie man wo Hasen findet. Schon nach einigen Übungen war er ein guter „Finder“ geworden.

Häufig bekommen wir an Übungstagen oder auch bei Prüfungen Bracken vorgeführt, die nicht oder falsch eingearbeitet wurden. Daraufhin angesprochen, argumentieren die Hundeführer oft mit Ausreden wie beispielsweise: „Bei uns gibt es keine Hasen“, „Das Revier ist zu klein“, „Es ist zu gefährlich, weil so viele Straßen sind“, „Der Jagdleiter lässt mich nicht“ und mit anderen Ausreden dieser Art, die häufig nur ein Vorwand sind, die eigene Bequemlichkeit nicht zugeben zu müssen.

Sicher ist es viel Arbeit, bis man eine Bracke so weit hat, aber wenn das Brackieren gut eingearbeitet ist, hat man auch einen perfekten Schweißhund. Und wenn man die Bracke nach sorgfältiger Ausbildung auch auf Stöberbewegungsjagden, zum Beispiel auf Sauen, führen will, hat man sehr schnell auch einen „Saufinder“ aus ihr gemacht.

Weil die Ausbildung der Nase sowie der Spurlaut so wichtig und nur auf Hase oder Fuchs möglich sind, wird die Brackade als wichtigstes Prüfungsfach anerkannt. Es sind das die Pflichtfächer, zu denen noch die Schussfestigkeit, das Verweisen, die Schweißarbeit, das Totverweisen und die Gehorsamsfächer hinzukommen. Ist eine Bracke in diesen Fächern sehr gut, darf sie mit Erlaubnis des Zuchtwartes zum Züchten eingesetzt werden.

Ziel des Österreichischen Brackenvereines ist es, dass die rassespezifischen Eigenschaften der Bracke erhalten bleiben und somit leistungsstarke Jagdgebrauchshunde gezüchtet werden, die den jagdlichen Anforderungen auch in Zukunft bestens entsprechen.

Bocknachsuche

Es war zu Beginn der 1980er-Jahre, als ich meinen ersten Brandlrüden Birko von Türkenschuss unter der Anleitung des Züchters ausgebildet habe. Birko war sehr leichtführig und wir zwei verstanden uns prächtig. Bei den Prüfungen stellte er sein Können unter Beweis und wir schafften zwei Mal erste Preise, was uns den Titel „Österreichischer Jagdgebrauchshundeprüfungssieger" einbrachte. Diese Auszeichnung war damals sehr selten; wohl auch deshalb wurde dieses Ergebnis in der Regionalzeitung mit Foto veröffentlicht. Das wiederum half kräftig mit, den Bekanntheitsgrad der Bracke zu heben.

Es war Juli, zwei Wochen schon brannte die Sonne erbarmungslos herab; alles litt unter der enormen Hitze. Als ich mir nach der Arbeit ein Bier genehmigte, sprachen mich drei Jäger aus der Nachbarschaft an: „Du bist ja der, der den guaden Hund hat, ist in der Zeitung gestanden." Als ich das bejahte, musste ich mich zu ihnen setzen, und sie erzählten mir, dass einer von ihnen vor drei Tagen auf einen kapitalen Sechserbock geschossen und diesem leider einen Vorderlaufschuss verpasst hatte. Mit zwei Hunden hätten sie schon nachgesucht, aber nichts zustande gebracht. „Aber wann dein Hund wirklich so gut ist, so müsste er ihn ja bekommen", meinte der Schütze. Nach einem längeren „Fachgespräch" und einigen Krügerln sagte ich zu.

Pünktlich um 5 Uhr in der Frühe trafen wir uns am vereinbarten Treffpunkt. Zwei der Jagdkollegen wurden als Vorstehschützen abgestellt, und der Schütze führte mich zum Anschuss. Große Gersten- und Weizenfelder endeten in einer schmalen Wiese, hinter der der Wald steil bergauf führte. Der Rehbock war aus der Frucht herausgestiegen und wurde auf der Wiese beschossen. Nach dem Schuss flüchtete dieser mit schlenkerndem Vorderlauf in den Wald.

Natürlich war alles zertreten und weder Schweiß noch Knochensplitter zu finden. Bei der Birke, die ca. 50 m im Wald stand, sei ein Tropfbett und an der Rinde Schweiß abgestreift, erklärte mir der Jäger und führte mich hin. Tatsächlich war auf der weißen Rinde der eingetrocknete Schweiß zu erkennen.

Behutsam, immer wieder daran leckend, untersuchte Birko den eingetrockneten Schweiß. Als seine Rute langsam hin- und herzupendeln begann, wusste ich, dass Birko die Wundfährte angenommen hatte. Langsam begann er mit tiefer Nase einem Wechsel zu folgen, der den Hang hinaufging. Immer dichter wurde der Wald, aber Birko suchte zielstrebig weiter, sodass ich Mühe hatte, ihm zu folgen.

Die Behinderung durch den Schweißriemen hasste Birko. Wenn er sich ein paar Mal verheddert hatte, konnte es passieren, dass er sich ablegte und erst wieder weitersuchte, wenn man ihm die Halsung abnahm. Manchmal gelang es ihm auch, aus der Halsung auszuschlüpfen. Auch dieses Mal war es so. Ein kleiner Dreh und Birko war frei. Mich störte das nicht besonders, wusste ich doch, dass er jetzt seinen enormen Spurwillen uneingeschränkt ausleben konnte. Da er ein verlässlicher Totverweiser war, konnte also nicht viel passieren. Mein Begleiter war verzagt, als er sah, dass Birko allein weitersuchte. „Das wird ja wieder nix", meinte er und jammerte. „Gerade mir muss das passieren, so einen guten Bock zu verschießen." Ich beruhigte ihn und meinte, er solle nur warten; noch sei nichts verloren. Meine Zuversicht, den Bock zu bekommen, war sehr groß, hatte ich doch schon einige Vorderlaufschüsse zur Strecke gebracht.

Sicher eineinhalb Stunden warteten wir gespannt, ob sich was tut, als wir endlich einen Hatzlaut vernahmen. Hoffentlich jagt er den Gesuchten und kein Gesundes, dachte ich mir im Stillen.

Mein Kollege wurde nervös. „Hat er ihn jetzt?", fragte er immer wieder. „Weiß ich auch nicht", konnte ich nur antworten.

Aber die Hatz kam immer näher, mein Begleiter hielt schon das Gewehr für einen eventuellen Fangschuss in Anschlag. „Brauchst du nicht", erklärte ich ihm, „wenn es der kranke Bock ist, so wird er ihn abfangen, in voller Flucht triffst du ja sowieso nicht."

Wie es so oft sein will, jagte Birko den gesuchten Bock auf ca. 10 m an uns vorbei, hinunter in Richtung Felder. Bergab tat sich der Bock mit dem kaputten Vorderlauf schwer und der Abstand zwischen Hund und Bock wurde immer kürzer. Bevor der Bock die Felder erreichte, konnte ihn Birko fassen. Ein paar Klager, dann Stille! Voller Euphorie wollte mein Begleiter zu seinem Bock hinuntereilen. „Du bleibst!“, raunte ich ihn an, „sonst bist du der nächste, der klagt!“

Birko war nach einer Hatz immer sehr erregt und duldete niemanden in der Nähe seiner Beute. Erst nach einiger Zeit, wenn sein Adrenalinspiegel wieder auf „normal“ sank, kam er voll Freude zurück, um mich zu holen. Voller Freude sprang er an mir hoch und forderte mich mit einem Gemisch aus Bellen und Jaulen

Aufmerksam

Liebe Leserin, lieber Leser,

herzlichen Dank für Ihr Interesse an unseren Büchern! Der Leopold Stocker Verlag ist ein unabhängiges Familienunternehmen, deshalb ist uns der Kontakt mit unseren Kunden besonders wichtig. Wir senden Ihnen in Zukunft gerne Informationen über unsere Neuerscheinungen zu und bitten Sie, uns Ihre Fragen, Wünsche und Anregungen mitzuteilen!

Mit herzlichen Grüßen

Mag. Wolfgang Dvorak-Stocker

Diese Karte entnahm ich dem Buch: ______________________________

Fragen/Anregungen/Kommentare und Kritik zu diesem Buch oder unserem Programm:

____

____

____

Leopold Stocker Verlag GmbH, Hofgasse 5, 8010 Graz, Österreich
Tel.: +43/316/82 16 36, Fax: +43/316/83 56 12, E-Mail: stocker-verlag@stocker-verlag.com

Besuchen Sie uns auch im Internet: www.stocker-verlag.com

stv

Name ______

Straße ______

PLZ ______ Ort ______

Telefon ______

E-Mail ______

☐ (Pflichtfeld) Ich bestätige, dass ich das 16. Lebensjahr vollendet habe und erteile meine ausdrückliche Zustimmung, dass die von mir oben angegeben Daten durch die Leopold Stocker Verlag GmbH zum Zweck der Vertragserfüllung und Leistungserbringung verarbeitet und an Auftragsverarbeiter weitergegeben werden, UND dass

☐ die angegeben Daten durch die Leopold Stocker Verlag GmbH zum Zweck des Newsletterversands verarbeitet, an Auftragsverarbeiter weitergegeben werden und ich werbliche Informationen und Angebote via Post, E-Mail, Telefon erhalte.

Ich kann meine Zustimmung jederzeit widerrufen. Dafür wende ich mich an die Leopold Stocker Verlag GmbH (Hofgasse 5, A-8010 Graz; Tel: 0043316/821636; E-Mail: datenschutz@stocker-verlag.com). Alle Infos: www.stocker-verlag.com/datenschutz.

Datum ______ Unterschrift ______

Bitte frankieren!

ANTWORTSENDUNG

Leopold Stocker Verlag

Postfach 438

Hofgasse 5

8011 Graz

auf, mitzukommen. Eilig kamen wir dieser Aufforderung nach und standen alsbald beim Gestreckten. Es war ein wirklich hochkapitaler Rehbock und wie richtig beobachtet war es ein hoher Vorderlaufschuss. Mein Begleiter war überglücklich, sodass er vor lauter Freude die Tränen nicht zurückhalten konnte.

Das Klagen hatten auch die Vorstehschützen gehört und teilten mit uns die Freude. Der Flachmann machte seine Runde, und alle wünschten wir uns ein kräftiges Weidmannheil. Bis der Bock versorgt war und wir im Jägerwirtshaus eintrafen, war es Mittagszeit. Es gab damals noch kein Mobiltelefon, dennoch aber war in kürzester Zeit die Gaststube voll von Jägern, um den „Guaden" und den „Kapitalen" anzuschauen. Der „Kapitale" war der Rehbock, der „Guade" war mein Birko.

Für mich als jungen Hundeführer war so ein Erfolg natürlich sehr wichtig. Schlagartig war ich mit Birko bekannt geworden, und die Nachsuchen, zu denen ich geholt wurde, stiegen. So hatte ich damals oft zwischen 30 und 50 Nachsuchen pro Jahr.

Birko wurde 14 Jahre alt und hatte über 300 Nachsuchen zustande gebracht. Gesucht haben wir natürlich öfters, aber alles konnte auch Birko nicht finden!

Diese Nachsuche ist ein Beispiel dafür, warum der Titel meines Buches „Darum Bracken!" lautet. Mir ist aber durchaus bewusst, dass man zu einer solchen Nachsuche neben einem guten Hund auch eine große Portion Glück braucht.

Birko hatte sich an der Birke bei dem vorhandenen Schweiß angesaugt. Er wusste, dass hier ein krankes Stück ist, das er möglicherweise bekommen kann. Ich glaube nicht, dass er nach drei Tagen die Schweißfährte bis zum Stück genau ausgearbeitet hat; er suchte sich in diesem Einstand vielmehr den kranken Bock. Obwohl mehrere gesunde Stücke den Einstand fluchtartig verließen, blieb Birko unbeirrt und suchte den kranken Bock. Bracken sind jagende Hunde, bei denen, sofern man sie lässt, noch so viel Jagdinstinkt vorhanden ist, dass sie um jeden Preis Beute machen wollen. Das unterscheidet sie in vielen Punkten von den anderen Jagdhunden, die ich arbeiten gesehen habe.

Altjahrsjagd

Diese Jagd gehört bei uns zur Brauchtumspflege. Zusammenkunft ist um 9 Uhr beim Jagdausschuss-Obmann, einem Bauern mitten im Revier. Da gibt es einen zünftigen Tee und Kekse von Weihnachten. „Gehören eh schon weg", meint die Bäuerin.

Eingeladen sind die Jagdnachbarn und ein paar Freunde. Zehn Schützen und vier Treiber begrüßt unser Jagdleiter nach dem Signal „Begrüßung". „Heut geht's net um viel Strecke, sondern um einen gemütlichen Ausklang", betont unser Jagdchef. Ein paar Zentimeter Schnee und ein strahlend blauer Himmel – schöner könnte so eine Abschluss-Jagd gar nicht sein.

Gleich nach dem Anblasen höre ich Ben bereits Spurlaut geben. „Has, Has, nach oben!", rufen die Treiber. Ein Schuss – dann Stille. Ein gutes Zeichen, der erste Hase dürfte liegen. Kurz darauf vernehme ich den Heblaut von Dux. Herrlich tief klingt sein Geläute hinunter in Richtung Graben und Reviergrenze. Zweimal kracht es, doch die Jagd geht weiter. Drüben, beim Nachbarn, hinauf und über den Berg. Jetzt ist es wieder still. Ich weiß genau, was sich unser Jagdleiter jetzt denkt: „So ein Schmarren. Treffen de den Hasn net. Und jetzt jagt a nu des Hundsviech beim Nachbarn drent. Was wird si der denga?"

Lange Zeit zum Nachdenken bleibt allerdings nicht, denn man hört Dux schon wieder näherkommen. Da kracht ein Schuss und der Spurlaut von Dux verstummt. Na also, getroffen! „Zwei Hasen im ersten Trieb", vermute ich. Strahlend kommt unser Jagdleiter mit dem Hasen daher. „So ein Teufl, der Dux!", sagt er. „Bringt do glot den Hos'n wida zruck, na sowoas."

Im dritten Trieb ist Treiberlärm und Hundegebell zu hören. Da klagt ein Reh unter uns in der Brombeerdickung. Mein Sohn Walter will hinunterlaufen. „Brauchst net renna, is eh schon zu spät", sage ich und warte, was die Hunde machen. Es dauert nicht lange, da kommt Ben schon, um Walter holen. Ich wette, unser Herr Jagdleiter denkt sich jetzt: „Diese verflixten Hundsviecher, jetzt hams ah Reh a nu gfangt!" Weil er aber weiß, wie gereizt ich auf zweideutige Fragen reagiere, beherrscht er sich und fragt ganz lapidar: „Was war?" – „Wart a bisserl, da Walter bringt's eh glei", sage ich. Walter kommt mit einem Rehkitz daher, im Schlepptau Dux und Ben. „Da haben's aber fesch zusammen geholfen", sagt ein Jäger, der zusehen konnte. Der Hinterlauf weist eine einige Tage alte Bruchstelle auf, aus dem der Röhrenknochen herausschaut. „Scheiß Kfzs", sagt unser Jagdleiter. „Is nur guat, dass ma so guate Hund haben oder was sagt's es?", fragt er die anderen Jäger, die bejahend nicken. Noch zwei Triebe, dann mögen die Hunde nicht mehr und wir auch nicht. Einstimmig beschließen wir, beim nächsten Bauern einzukehren. Der lässt sich nicht lumpen und schon sitzen wir gemütlich bei Most und Tee und einem frischen Bauernbrot. Sechs Hasen und ein Reh, lautet die bescheidene Strecke. Für uns und unsere Bracken aber ist es ein schöner Jahresausklang.

Bunte Strecke

Treibjagd

Ab und zu werde ich auf Niederwildjagden eingeladen. Aus Prinzip nehme ich meine Bracke zu jeder Jagd mit. Bei den großen Feldjagden bleibt sie natürlich an der Leine, hier sind die Vorstehhunde und Apportierhunde in ihrem Element. Es ist aber eine ganz gute Gehorsamsübung für meinen Gefährten. Bei Treibjagden, wo größere Waldteile getrieben werden, schnalle ich aber meine Bracke, vorausgesetzt, der Jagdherr erlaubt es.

Sehr schnell begreift der Hund, dass es da nicht um eine Brackade geht – wie eingelernt –, sondern darum, den Hasen zu finden, anzujagen und bei der Schützenlinie aufzuhören. Zudem gibt es da und dort einen angebleiten Hasen zu finden, was wiederum für die Bracke kein Problem ist. Wahrscheinlich aus Beuteneid apportieren unsere Bracken sehr oft bei solchen Treibjagden, was sie allein oft nicht machen, hier verweisen sie eher.

Ich bin bei einer Treibjagd in unserem Hegering dabei. Im gut gepflegten Revier auf der Hochrieß und bei einem herrlichen Herbstwetter gibt es heuer einen guten Hasenbesatz, und die Jagd verläuft sehr vielversprechend. Wir werden zum zweiten Trieb entlang eines langen Grabens angestellt. So alle 30 m wird ein Schütze eingeteilt. Ich soll mich zu einem Birnbaum hinstellen. Als ich mich meinem Stand nähere, fährt auch schon ein Hase aus dem Lager, das er am Fuße des mir zugeteilten Birnbaumes hat. Ich bin ziemlich überrascht und denke: Dieser Jagdtag fängt ja großartig an! Ans Schießen ist gar nicht zu denken, denn bei uns ist es Brauch, dass jeder Trieb mit dem Jagdhorn angeblasen wird, und das war leider noch nicht der Fall. Zweitens werden bei uns die Flinten beim Anstellen in gebrochenem Zustand getragen.

„Der Hase hat großes Glück“, sagt mein Nachbar, denn der Hase hat den Trieb nach außen verlassen. Der andere Nachbarschütze scherzt: „Jetzt kannst du zeigen, was deine Bracke kann!

Angeblich sollen diese ja den Hasen zurückbringen." Es sind diese zweideutigen Bemerkungen, die einen Hundeführer leicht aus der Reserve locken können. Wenn man dann nicht das große Vertrauen in seinen vierbeinigen Jagdgehilfen hat und womöglich noch zögert, merkt der Hund das mit großer Wahrscheinlichkeit umgehend.

Gut 20 Minuten sind vergangen, da wird der Trieb angeblasen. Auch bei mir machen sich kleine Zweifel bemerkbar, und ich kämpfe mit mir selbst, soll ich meine Bracke oder soll ich sie nicht schnallen.

Es könnte ja sein, dass mein Rüde hinterherläuft zu den johlenden Treibern und nicht den geflüchteten Hasen sucht, dann bin aber ich der Blamierte. Aber ich habe mit meinem Axl schon so gute Erfahrungen gemacht, dass ich ihm vorbehaltslos vertraue.

Weil mein Nachbar aber wieder drängt, setze ich meinen Brandlbrackenrüden Axl auf der Hasenfährte an, die er schon die

Lernen kann man alles!

ganze Zeit bewindet. Anfangs langsam, dann immer schneller werdend jagt Axl jetzt spurlaut dem Hasen nach und verschwindet am Horizont. Ich bin gespannt!

Nach längerer Zeit rücken die Treiber immer näher und ich konzentriere mich auf die vor mir abgehende Treibjagd. Als mein Standnachbar wild gestikulierend nach hinten zeigt, schaue ich auch in diese Richtung und traue meinen Augen kaum. Ich juble innerlich vor Freude und mir fällt ein Stein vom Herzen! Axl bringt von hinten den Hasen. Den Spurlaut hatte ich durch den Treiberlärm gar nicht gehört. Ich bin stolz auf diese Leistung, noch dazu, da er den Hasen schnurstracks auf mich zutreibt, wie es sich halt gehört. „Bum!“ und wieder „Bum!“ – aber der Hase läuft weiter, als wenn nichts gewesen wäre. So ein Mist! Jetzt bringt er mir den Hasen und ich treffe nicht, denke ich. Gott sei Dank ist mein Nachbar zum Glück ein besserer Schütze als ich und lässt das Langohr gekonnt rollieren.

Nach dem Abblasen waren wir beide, Axl und ich, das Gesprächsthema Nummer eins: Axl wegen seiner tollen Brackade und ich wegen der zwei Fehlschüsse auf den Hasen, der schöner nicht hätte kommen können. Ich war trotzdem stolz auf diesen wieder einmal sehr lehrreichen Jagdtag.

Einladung zur Niederwildjagd

Ein Jagdfreund und Bläserkollege hat mich zur Niederwildjagd eingeladen. „Bringe aber auch deine Hunde mit“, bittet er mich. „Die unseren sollen auch einmal eine Bracke sehen, wir kennen ja nur unsere Vorsteher.“ „Ja“, erwidere ich, „aber meine junge Brandlhündin ist noch nicht ganz fertig, und zu Gesellschaftsjagden soll man ja nur mit fermen Hunden erscheinen.“ Mein Freund F., der selber einen Drahthaar führt, meint daraufhin: „Ja, weiß ich, aber wann ist ein Hund ferm?“ Gute Frage.

Die Gebrauchsprüfung hat meine Asra von Kirchbichl mit einem 1. Preis abgeschlossen. Ist sie deswegen ferm? Nur ein Hund, der viel arbeitet, hat die Möglichkeit, ferm zu werden, habe ich einmal gelesen. Aber was ist ferm?

Diese Frage zu beantworten würde wohl ein ganzes Buch füllen. Für mich ist ein Hund ferm, wenn man sich mit ihm und seiner Leistung nicht schämen muss. Also nehme ich Asra mit.

Meine Frau ist am selben Tag mit Dux beim Saujagen, also hat Asra mich ganz allein für sich, und das genießt sie auch. Ich bin ganz überrascht, wie gehorsam sie sich an diesem Jagdtag zeigt. Ich selber war schon lange nicht auf so einer Jagd, bei der große Kreise gebildet werden und die aufstehenden Hasen zuerst noch im Trieb, später aber dann nur mehr außerhalb der Schützenlinie beschossen werden. Es ist schön zu sehen, wenn Meister Lampe mit einem sauberen Schuss rolliert und dann von den Vorstehhunden perfekt apportiert wird. Auch Asra beobachtet gespannt das Geschehen, benimmt sich aber erstaunlich brav und bleibt auch sitzen, als ich einen Hasen sauber erlege, und macht auch keinen Versuch, den Hasen, der ganz knapp neben uns das Weite sucht, nachzuprellen. Ich bin leicht überrascht, aber auch stolz.

Ab dem zweiten Trieb führe ich Asra problemlos frei bei Fuß, und ich merke, wie über mich und meinen Hund gesprochen wird. Gegen Mittag wird ein Hase beschossen, der meiner Meinung den Schuss drauf hat, aber einige hundert Meter weiterflüchtet und über einen Bergrücken verschwindet. Einer der Hunde arbeitet die Fährte, steht aber beizeiten ab. Nach dem Trieb frage ich, ob ich mit Asra nachschauen darf. Der Jagdherr hat nichts dagegen, denn es geht gerade in die Mittagspause. „Kommst halt nach, dort zum ersten Bauernhaus, da gibt's eine Stärkung", erklärt er mir.

Als alle Jäger weg waren, gehe ich mit Asra zu der Stelle, wo ich den vermutlich angebleiten Hasen laufen sah. Ich brauche gar nicht lang zu schauen, da merke ich, wie Asra sich einfädelt und zielstrebig, aber ruhig und langsam der Wundfährte folgt. Oben am Horizont verschwindet Asra an der gleichen Stelle, wo auch der Hase drübergewechselt ist.

Ich eile auch nach oben, als mir Asra schon entgegenkommt und vor Freude winselt und bellt. Asra beißt in die Hundeleine und zerrt mich nach oben. Meine Frau hat Asra so das Verweisen beigebracht. Kaum 50 m nach dem Bergrücken liegt der Hase verendet mitten am Acker. Freudig lobe ich meine junge Hündin und kehre mit Stolz zu den Jägern, die gerade mit dem Essen fertig sind, zurück. „Gratuliere“, sagt der Jagdleiter, „braver Hund!“

Am Nachmittag hat Asra noch einmal die Chance, einen Hasen mit Hinterlaufschuss zu arbeiten. Unglaublich, wie geschickt sich der Hase den Fassversuchen von Asra entziehen kann und den schützenden Wald erreicht. Nach etwa fünf Minuten aber hören wir, wie Meister Lampe sein letztes Klagelied anstimmt. Kurz darauf kommt Asra und verweist wieder perfekt.

Gefunden!

Schließlich dürfen wir auch noch einen geflügelten Fasan ausarbeiten; obwohl Asra vorher noch nie einen Fasan gesehen hat, meistert sie auch diese „Nachsuche“ mit Bravour. Ein lehrreicher Jagdtag für mich, aber vor allem für meine junge Hündin Asra.

Am Abend beim Schüsseltrieb flammt abermals die Diskussion über die Hunde auf.

Fragen wie „Was hat eine Bracke bei einer Niederwildjagd verloren?“, „Soll man einen jungen Hund überhaupt mitnehmen?“ und noch viele Fragen mehr werden lang und breit diskutiert. Für mich sind die Antworten klar. Ohne meine Hunde gehe ich auf keine Jagd, egal ob es sich um Nieder- oder Hochwild handelt. Auch dann, wenn der Hund noch so jung ist, wird er mitgenommen. Lernen kann er nämlich nur im Revier, zu Hause unterm Kachelofen wird er nie ferm!

Nachsuchen auf Rehwild

Ben

Da bei uns das Rehwild die Hauptwildart ist, haben wir natürlich auch die meisten Nachsuchen zu dieser Wildart. Die ersten Erfolgserlebnisse prägen einen Hund ganz besonders, dessen Interesse für eine Wildart kann im Übrigen ganz bewusst gesteuert werden. Mein Sohn Walter, der sich Ben vom Brandlkreuz, einen Brandlrüden, als Welpen ins Haus geholt hat, wollte diesen für Nachsuchen auf Rehe prägen. Schon in den ersten Wochen in seinem neuen Zuhause durfte Ben mit zur Jagd kommen. Er war ein aufmerksamer „Schüler". Wenn er auch die eine oder andere Chance auf jagdlichen Erfolg durch sein kindliches Gemüt zunichtemachte, war er doch sehr bald ein braver Revierbegleiter. Die ersten erlegten Rehe bewindete er anfangs sehr vorsichtig. Sein Mut wuchs aber stetig und schon bald griff er beherzt an die Drossel der ihm dargebotenen Rehe.

Als er vier Monate alt war, geriet Ben in eine Situation, die ihn sehr prägen sollte. Walter hatte eine alte Rehgeiß etwas weich geschossen. Mit aufgeschobenem Rücken wechselte die Beschossene schwer krank in das nahe Maisfeld. Nach ca. einer Stunde waren wir der Meinung, die Geiß liegt, bereits verendet, ein kurzes Stück drinnen im Mais – eine ideale Gelegenheit, den jungen Ben zur Fährte zu legen.

Ben, der vorher schon ein paar kurze künstliche Fährten gearbeitet hatte, war ganz begeistert von dem Anschuss, bei dem nur ein paar Tropfen Schweiß und ein wenig Panseninhalt zu finden war. Interessiert folgte er sehr langsam der Wundfährte in den Mais. Wir waren sehr überrascht, als auf einmal die aufgeregte

Stimme von Ben erklang. Kurz darauf hörten wir, wie das Stück wegbrach und Ben hell jauchzend hinterhereilte. Damit hatten wir nicht gerechnet. Ich hatte weder meinen alten Rüden dabei noch Walter ein Gewehr. Noch während wir überlegten, erklang auf einmal das Klagen der Geiß. Walter fing an zu laufen und eilte in Richtung der klagenden Geiß. Ich blieb stehen und lauschte ergriffen auf das, was ich vernahm. Das gab es doch nicht, dass die Geiß noch lebte und der kleine Ben mit vier Monaten anfasste. Das war unglaublich!

Als Walter hinzueilte, sah er, wie der Kleine die Geiß hinten niederzog. Vorne war sie noch auf den Läufen. Bevor Walter aber zugreifen konnte, wurde die Geiß hoch und flüchtete nochmals weg. Ben lief sofort hinterher und nach einigen Metern konnte Ben die schwerkranke Geiß abermals fassen und festhalten, bis Walter diese ergreifen und knicken konnte. Die Freude war natür-

Unglaublich – der junge Ben fasst die Geiß!

lich riesengroß. Als ich hinzutrat, knurrte mich der kleine Lauser auch noch an. Eine Situation, die man nicht bestellen kann. Aber wenn sie zutrifft, wie in unserem Fall, dann ist das für einen so jungen Hund ein Erfolgserlebnis, das sich tiefer einprägt als 100 künstliche Fährten.

Ben ist seitdem ein sehr verlässlicher Nachsuchenhund auf Rehwild, aber auch alle anderen Wildarten kann man mit ihm wunderbar nachsuchen. Gewohnt ohne Schweißriemen zu arbeiten, sucht Ben ruhig auf der Fährte und wartet von selbst, bis der Führer nachkommt. Wird das kranke Stück hoch, dann fliegt er förmlich nach, bis er das Stück ausnahmslos abwürgt bzw. stellt, wenn es um wehrhaftes Wild geht. Auch sonst hat Ben noch einige interessante Eigenheiten, auf die ich später noch einmal zu sprechen kommen werde.

Was ich hier sagen will, ist Folgendes: Man muss selber darum bemüht sein, seinen jungen Hund an Jagderlebnisse heranzuführen, die seinen Jagdinstinkt wecken. Das geht allein oft nicht. Man muss halt, wenn man einem jungen Jagdhund das Jagen beibringen will, auch einige Freunde darum bitten, mitzuarbeiten. Aber mit vereinten Kräften gelingt es dann meistens, Arbeit für den Hund zu bekommen. Die helfenden Jagdkollegen werden davon später möglicherweise profitieren.

Krellschüsse

Krellschüsse sind so ziemlich die gefürchtetsten Nachsuchen bei allen Hundeführern. Wenn man viel Glück hat, hat die Kugel die Wirbelsäule so tief gestreift, dass Lähmungserscheinungen das flüchtige Wild langsamer machen oder sich das beschossene Stück sogar stellt. Meistens ist aber nur der Dornfortsatz des Wirbels, wenn überhaupt, gestreift, wodurch das Stück im Knall zusammenbricht.

Häufig nimmt der Schütze an, einen guten Schuss angebracht zu haben und stellt womöglich noch das Gewehr weg. Oft beginnt das beschossene Stück erst nach Minuten zu schlegeln, kommt auf die Läufe und flüchtet dann meistens in die nächste Deckung, bevor ein zweiter Schuss angebracht werden kann. Schon beim Jungjägerkurs lernt man die Schusszeichen und wie man sich dazu verhalten soll. Auch am Stammtisch wurde schon x-mal darüber berichtet, und dennoch werden immer wieder auch erfahrene Weidmänner von den wieder hoch werdenden, gekrellten Stücken überrascht.

Wenn die Nachsuche keinen Erfolg bringt, steht dem verletzten Stück ein grausamer, langsamer Tod bevor. Wenn es mit dem Lecker nicht an die Wunde rankommt, und das ist in den meisten Fällen so, tummeln sich schon nach zwei Tagen, speziell im Sommer, die Maden in der Wunde und fressen das Stück mehr oder weniger bei lebendigem Leibe auf. Im Winter, wenn es keine Fliegen mehr gibt, die die Eier in die Wunde legen, kann die Wunde, mit viel Glück, wieder ausheilen. Ich hörte des Öfteren von solchen Stücken. Da die beschossenen Stücke auf den „Läufen gesund" sind, gestalten sich die Nachsuchen meistens sehr schwierig. Dazu kommt noch, dass sehr wenig Schweiß austritt und der wenige Schweiß dann oft in der Decke bleibt. Selten ist vom Wundbett weg Schweiß zu finden und erschwert die Suche so noch einmal.

Wird Rehwild nachgesucht, bedarf es eines erfahrenen und schnellen Hundes, der gewohnt ist, Rehwild abzufangen. Kranke Rehe stellen sich fast nie. Auch beim Rot- und Schwarzwild ist die Erfolgsquote sehr gering. Wieder auf den Läufen, geht krankes Rot- und Schwarzwild oft über weite Strecken, bis es wieder ins Wundbett geht, und es ist nicht sicher, ob der Hund über so weite Strecken der meist schweißlosen Fährte folgen kann oder darf. Ich betone hier „darf", weil wir schon öfters eine Nachsuche an der Reviergrenze abbrechen mussten – wegen nicht ganz so guter Nachbarschaft. Das Leid der verletzten Kreatur war in einem derartigen Fall meistens egal. Heute passiert mir das sehr selten, weil ich mit Hinweis auf das Tierschutzgesetz solche Machenschaften nicht mehr gelten lasse. Was kann das verletzte Wild dafür?

Aber nicht nur der böse Nachbar, auch der Hundeführer hat schon so manche Nachsuche wegen Mangels an „Beweisen" wie Schweiß etc. abgebrochen, obwohl der Hund richtig war. Das ist mir leider auch schon passiert. Oft habe ich auch schon von der Stelle, wo die Hundeführer aufgaben, weitergesucht und das Stück dann auch gefunden.

Erstaunlich ist auch der Fährtenverlauf des kranken Rehwildes. Beschossenes Rehwild geht fast immer in seinen Einstand zurück. Als „Drücker" kann so ein kranker Rehbock den Hund stundenlang auf kleinstem Raum (oft nur ein paar Hektar) beschäftigen; so mancher Hundeführer hat mangels Vertrauen in den Hund aufgegeben. Eine gute Möglichkeit, doch noch zum Erfolg zu kommen, besteht darin, den Hund zu schnallen und sich in die Nähe eines Wechsels zu stellen. Gar nicht so selten habe ich da

Schwierige Nachsuche

oft auf kürzeste Distanz das sich langsam Drückende, immer wieder zurückverhoffende Stück erlegt. Noch besser indes geht es aber mit zwei Hunden. Bei schwierigen Nachsuchen, wie eben beim Krellschuss, haben wir es uns angewöhnt, mit zwei Hunden nachzusuchen. Das hat mehrere Vorteile:

- Man kann mit dem jungen, oft nicht so erfahrenen Hund beginnen. Schafft er es nicht, hat man immer noch den erfahrenen „Reserve-Hund" bei der Hand.

- Ermüdet zum Beispiel der erste Hund bei großer Hitze, kann der ausgeruhte Hund weitersuchen.

Natürlich kann es auch vorkommen, dass der Hund einfach nicht mag oder kann. Auch die besten Hunde sind keine Maschinen, und da ist es schon angenehm, auf einen zweiten zurückgreifen zu können. Kommt es zur Hatz, was bei schweren Nachsuchen, wie Lauf-, Äser- oder Krellschuss fast immer passiert, kann man mit dem zweiten Hund eingreifen. Eingreifen darf man aber nicht zu früh. Jeder Hund, der auf der Fährte arbeitet, sollte ausreichend Zeit bekommen, das kranke Stück allein zu bekommen.

Eine Hatz ist sehr lehrreich für den Hund und fördert dessen Jagdverstand sehr. Hilft man dem Hund zu früh, wird er womöglich verwöhnt und gibt später möglicherweise zu früh auf.

Ältere, erfahrene Stücke verlassen auch bei der Hatz den schützenden Einstand nicht. Und der Hund, mit der Nase am Boden, ist in der Regel langsamer als das flüchtende Wild. Geht die Hatz auf eine Fläche, wo das flüchtende Wild vom Hund gesehen wird, also über eine Wiese oder ein abgeerntetes Feld, dann wird der schnelle Hund recht bald am Stück sein und die Jagd beenden. Tobt die Hatz aber zum Beispiel in einem großen Maisfeld oder Ähnlichem schon länger hin und her, wird der zweite Hund geschnallt. Der zweite sprintet aber nicht, wie man meinen könnte, geschnallt in Richtung Hatz, sondern in den meisten Fällen geht er in eine andere Richtung weg, und es dauert oft gar nicht lange, dann hört man es schon klagen.

Der zweite geschnallte Hund passt meistens vor und fängt das in seine Richtung gehetzte Stück ab. Woher der zweite Hund weiß, wo er vorpassen muss, weiß ich nicht. Wahrscheinlich ist es noch der genetisch vererbte Meuteinstinkt, der bei solchen Jagden im Hund wieder wach wird. Meine Hunde, die natürlich gut zusammengearbeitet waren, machten das perfekt, und es war jedes Mal eine Freude, bei diesen Arbeiten anwesend zu sein. War das Stück verendet, blieb einer beim Stück, und der zweite Hund kam uns dann holen – also Totverweisen.

Spätestens beim Aufbrechen war es dann aus mit der guten Zusammenarbeit der Hunde, der Futterneid musste von uns oft energisch beendet werden. Natürlich bekamen meine treuen Helfer immer ein Stück vom Pansen – das „Genossen machen“ praktiziere ich schon lange und habe damit die besten Erfahrungen gemacht.

Nachsuchen auf Krellschüsse

Samstagmittag läutet das Telefon und ein bekannter Jäger aus dem Nachbarrevier ruft an und ersucht uns, bei ihm nachzusuchen. Ein wenig erstaunt bin ich schon, denn dieser Jäger hat selber einen sehr guten Vorstehhund und behauptet eigentlich immer, der Vorstehhund sei der beste Hund zum Nachsuchen auf Rehwild. Und jetzt braucht er uns mit den Bracken zum Nachsuchen? Das ist schon erstaunlich! Aber das zeigt wiederum seine weidgerechte Einstellung!

Der Schütze sagt noch am Telefon, dass er es bereits mit seinem eigenen Hund versucht, aber nichts gefunden habe, und ob wir nicht kommen könnten. Natürlich können wir! Und so fahren Walter und ich mit unseren zwei Bracken los.

Als wir in das Bauernhaus hineingehen, hören wir schon lautes Gelächter und gute Stimmung aus der Stube. Als wir hineinkommen, sitzen dort sechs Jäger in gemütlicher Runde. Sie sind schon ein wenig müde, jedoch den Durst haben sie, wie man merkt, schon einige Zeit gestillt.

Nach den Angaben des Schützen haben sie alle sechs den ganzen Vormittag den gekrellten Rehbock gemeinsam nachgesucht und nichts gefunden. Nachdem wir auch ein Krügerl Bier in Händen halten, schildert der Schütze den Vorgang: Am Abend des Vortages habe er auf ca. 100 m Distanz auf einen ganz alten Rehbock geschossen. Der Bock sei auch wie vom Blitz getroffen zusammengebrochen und mausetot in der Wiese gelegen. Er habe das Gewehr dann weggestellt und einige Zeit gewartet; als er gerade die Leiter hinabgestiegen sei, wäre der Bock hoch geworden und wieder zurück in den Einstand geflüchtet. Er habe aber genau sehen können, dass der Bock über den Rippen eine große Wunde hatte – also Krellschuss. Er habe sofort seinen eigenen Vorstehhund geholt und mit diesem noch am Abend nachgesucht – jedoch ohne Erfolg. Am nächsten Morgen habe er den Reviernachbarn verständigt, da der Anschuss nicht weit weg von der Grenze war und der Bock vermutlich zurück in den Einstand gegangen war, der jenseits der Reviergrenze lag.

Weil der Schütze der Meinung war, dass der Rehbock irgendwo dort mausetot im Einstand oder im Jungmais liegen muss, suchten viele Jäger gemeinsam das ganze Gebiet ab. Mit drei Hunden und sechs Jägern suchten sie von sieben Uhr früh bis mittags – ohne Erfolg. Dann hat er uns angerufen. Wir sollten jetzt zeigen, was wir können!

Freude habe ich natürlich keine mit der ganzen Sache. Aber es ist bei uns meistens so; wir werden mit unseren Hunden als Bereichshundeführer zum Nachsuchen erst geholt, wenn alles andere nicht funktioniert hat. Dann müssen unsere Hunde wieder mal die Kohlen aus dem Feuer holen.

Ich ersuche den Schützen, dass die ganze Jagdgesellschaft in der guten Stube bleiben soll. Wir brauchen eigentlich nur den Schützen, damit er uns den Anschuss zeigt und sonst niemanden.

Ich hab es nicht so gern, wenn viele gescheite Meinungen ununterbrochen auf uns einprasseln.

Wir gehen zum Anschuss. Unsere Hunde haben wir vorher abgelegt und untersuchen den Anschuss. Beim Anschuss ist wirklich ziemlich viel Schweiß sowie viele Schnitthaare und Deckenfetzen – was typisch für den Krellschuss ist. Auf der Fluchtfährte hinunter in den Wald findet sich kein Tropfen Schweiß. Unten ist ein tiefer Graben und von dem Graben aus geht es wieder bergauf. Dort unten finden wir ein wenig Schweiß, aber sonst ist nirgendwo etwas zu finden. Der auf dem Gegenhang liegende Jungmais schaut aus, als wenn er frisch ausgemäht worden wäre. In Wirklichkeit aber haben die fleißig suchenden Jäger den ganzen Jungmais mehr oder weniger niedergetreten.

Wie wir da etwas finden sollen, weiß ich nicht. Wir gehen zurück zu unseren Hunden. Walter fängt mit Basco an. Basco, der Brandlbrackenrüde, hat mit seinen acht Jahren schon sehr viel Erfahrung und ist in dieser schwierigen Situation sicher der Erfahrenere.

Ganz langsam nimmt Basco die Fährte an und geht in seiner ruhigen, gemütlichen Art hinunter zu dem Graben, wo wir den Schweiß gefunden haben, und verweist diesen Schweiß auch, und dann geht es im Graben links immer den Graben entlang. Nach einiger Zeit dreht aber Basco rechts hinauf in den Jungmais, der von den Jägern am Morgen schon untersucht worden ist, und geht zielstrebig hin und her und sucht sich seinen Weg durch den Jungmais. Eigentlich kaum zu glauben, dass er da noch irgendetwas finden kann, aber nach rund 200 m verweist Basco abermals Schweiß. Das bestätigt uns, dass Basco auf der Fährte ist. Überglücklich rüden wir den Hund an, und Basco sucht im großen Bogen wieder hinunter und kommt wieder hinunter zum Bach. Auch das ist möglich, und genau da unten beim Bach haben wir wieder Schweiß gefunden. Ich sage zu Walter: „Bitte schnallen! Es hat keinen Sinn, wenn wir da hinten herhängen am Riemen. Beim Krellschuss muss der Hund seinen Weg allein machen.“ Und so wird Basco geschnallt.

Basco geht auf der anderen Seite des Baches in einer großen Wiese bergauf und kommt in ein sehr großes Roggenfeld. Eigentlich nähern wir uns schon wieder mehr oder weniger dem Anschuss. Basco sucht im Roggenfeld, wir gehen außen am Feldrand mit. Wir können nur sehen, wie sich der Roggen bewegt – vom Hund ist natürlich nichts zu sehen. Auf einmal wird ein Stück im Roggen hoch! Im Sprung sieht man immer nur das Haupt, es ist eine Geiß. Hoffentlich jagt Basco jetzt nicht eine gesunde Geiß! Die Geiß kommt heraus aus dem Feld, aber Basco ist nirgends zu sehen. Somit ist Basko noch drinnen. Es dauert auch eine geraume Zeit. Dann hören wir auf einmal einen giftigen Spurlaut. Das ist es, was wir von Basco hören wollen, und das Zeichen, das Gewissheit gibt: „Jetzt ist er drauf – jetzt hat er den Bock hoch gemacht!" Wir sehen, wie das Haupt zum Vorschein kommt: der Bock!

Zwei Zentimeter höher – und er wäre gefehlt!

Hinauf geht es durch den ganzen Roggen über den Bergrücken rüber. Wir sehen und hören nichts mehr und laufen so schnell wir können auf den Berg hinauf. Da sehen wir, wie der Rehbock in großem Bogen über die Wiese wieder zu uns zurück und wieder in den Roggen hinein will. Da schnalle ich den bis jetzt mitgeführten Dux, meine Steirische Rauhhaarbracke. Diese sprintet dem Rehbock entgegen, dieser weicht aus und dreht ab, und es geht im vollen Lauf wieder hinunter in Richtung Wald. Basco, der dort weiter unten ist, ist jetzt am nahesten dran. Beide Hunde jagen dem Rehbock nach, dem man überhaupt nichts anmerkt. Hoffentlich ist es der kranke Bock!

Es dauert auch gar nicht lange und der Bock ist im Wald verschwunden und die Hunde auch. Nach einigen bangen Minuten endlich das erlösende Klagen! Auf dem gegenüberliegenden Hang steht der Schütze. Er hat von diesem Platz aus der ganzen Sache wunderschön zuschauen können. Ich sehe jetzt, wie er vor Freude seinen Hut in die Höhe wirft und auch in Richtung Wald hinunterläuft. Wir gehen eher langsam hinunter, weil wir ziemlich ausgepumpt sind. Dann hören wir auch schon die warnende Stimme von Dux, der es gar nicht so gern hat, wenn ein Fremder sich seiner Beute nähert. So muss auch dieser geduldig warten, bis wir bei dem abgefangenen Rehbock ankommen.

Stolz lieben wir die Hunde ab und loben sie. Immer wieder streicheln wir über ihre Köpfe und loben sie. Es ist wirklich eine Freude, wenn man bei dem abgefangenen Rehbock steht. Auch die Freude bei dem Schützen ist sehr groß. Kann er doch jetzt seinem für ihn verloren geglaubten Rehbock ins Geweih greifen. Es ist wirklich ein sehr guter, alter Bock. Die Kugel sitzt auf der Einschussseite 1 bis 2 cm unter dem Rist. Es ist nur ein kleines Einschussloch. Auf der anderen Seite findet sich aber ein 3 bis 4 cm großer Ausschuss. Die Wirbelsäule ist aber nicht verletzt – nur gestreift. Dadurch war der Bock auf den Läufen auch so schnell. Vermutlich ist der Rehbock noch am Abend aus seinem Einstand, wo ihn der Vorstehhund gesucht hat, heraus und hat sich in das Roggenfeld hineingedrückt.

Gott sei Dank ließ sich Basco nicht beirren und fand den Abgang vom Jungmais heraus in den Roggen. Obwohl aus dem Roggen einige gesunde Rehe herausflüchteten, ließ sich Basco nicht irreführen und folgte zielstrebig der Krankfährte. Zum Glück hatten wir den zweiten Hund dabei. So konnte die Hatz relativ rasch beendet werden. Das ist auch immer wieder erfreulich. So kann ein längeres Martyrium hintangehalten werden. Voller Freude hat der Schütze unsere Hunde „Genossen" gemacht und hätte am liebsten den ganzen Pansen verfüttert. Dabei mussten wir ihn ein wenig einschränken.

Dann ging es wieder zurück zum Bauernhaus, wo die ganze Jagdgesellschaft auf uns wartete. Mit großem Hallo wurde der Bock besichtigt; erstaunt wurden die Hunde abgeliebelt und immer wieder gelobt. Dementsprechend lange dauerten dann auch das Totengedenken des Rehbockes und die ausgiebige Feier danach. Wir waren sehr stolz auf unsere Hunde!

Krellschuss beim Riegeln

Den Abschluss des Jahres mit einem „Rehriegler" zu begehen, ist bei uns eine liebgewonnene Tradition geworden. Zu diesem Riegler werden nur ausgewählte Jagdgäste eingeladen, von denen wir wissen, dass sie keinen „nervösen Finger" haben und sie wirklich nur die Stücke erlegen, die aus der Wildbahn tatsächlich entnommen werden sollen. So ist dieser Riegler nur mit acht bis zehn Schützen bestückt und ein Trieb am Vormittag und ein Trieb am Nachmittag angesetzt. Dazwischen ist noch eine herrliche Brotzeit bei unserem Jagdleiter eingeplant.

Zu dieser Tradition gehört weiter, dass der Schüsseltrieb anschließend in unserem Gasthaus ausklingt, wo von der Wirtin frische Rehleber zubereitet wird und der Abschluss des Jahres begangen wird. So gut wie die frische, geröstete Rehleber zubereitet wird, gibt es diese wohl nirgendwo. Jeder Teilnehmer freut sich deshalb auf den Schüsseltrieb. Vorher aber geht's zunächst ins Revier …!

Wir sind diesmal acht Schützen. Der erste Trieb ist im Altholzbestand. Wir drücken ca. 100 ha auf einmal durch und die Schützen stehen an den Wechseln. Zwei Treiber gehen langsam und ruhig durch den Bestand und bringen die Rehe in Bewegung. Der erste Trieb dauert rund zwei Stunden. Es fallen einige Schüsse. Nach vereinbarter Uhrzeit treffen wir uns zu Mittag bei unserem Jagdleiter auf seinem Bauernhof. Drei Stück sind gefallen – eine erfreuliche Strecke für den Vormittag.

Nach dem gemütlichen Imbiss, gestärkt durch ein Glas Tee – wie es bei uns in der Region so üblich ist –, geht es am Nachmittag wieder hinaus in die herrliche, schneebedeckte Landschaft. Rund 15 cm Schnee und Sonnenschein! Was will man für einen herrlichen Jagdtag mehr?!

Ich stelle die Schützen an. Da es ein relativ kleiner Trieb ist, bleibe ich beim letzten Schützen stehen. Natürlich hat der Gast „Feuer frei", und ich schau ihm zu. Es dauert schon eine lange Zeit. Wir blicken auf eine steile Wiese hinauf: rechts der Hochwald, dann eine hundert Meter breite Wiese, dann wieder Wald. Gegen Ende des Triebes sehen wir schon durch das Hochholz acht Stück Rehwild langsam auf den Hauptwechsel heranwechseln. Leo richtet sich bereits mit seiner 7/64er angestrichen an einen Baum, und ich spreche an. Die Rehe steigen raus auf die Wiese und bleiben stehen. Das vorletzte Stück ist eine alte Geiß. Ich nicke und Leo hat bereits verstanden. Die alte Geiß bricht im Feuer wie vom Blitz getroffen zusammen und rutscht auf der steilen Wiese im Schnee rund 30 m herunter, schlegelt und verendet. Sie liegt mausetot im Schnee. Weidmannsheil! Das ist gut gegangen.

Die Rehe sind abgesprungen und bevor sie zurück in den Wald hineinwechseln, blicken sie zurück auf die bereits verendete Geiß. Ein schwaches Kitz, das mir zuerst schon aufgefallen ist, steht frei, ich lasse fliegen und auch das Kitz bricht im Schuss zusammen. „Weidmannsheil“, sagt Leo, „das ist ja ein herrlicher Abschluss für die heutige Jagd!“ Als wir wieder nach oben schauen, trauen wir unseren Augen nicht. Die Geiß, die eben noch scheinbar mausetot im Schnee lag, ist weg! Weit und breit kein Stück zu sehen! Das gibt es nicht! Kopfschüttelnd gehen wir in der steilen Wiese hinauf – eine schweißtreibende Sache. Und als wir dort ankommen, wo die Geiß zuletzt gelegen hat, finden wir nur ein Wundbett mit viel Schweiß im Schnee und sonst nichts.

Deutlich zu sehen sind die Schalenabdrücke der Geiß zurück in den Hochwald hinein. Somit ist sie noch einmal hoch geworden und in den Wald zurückgewechselt, ohne dass wir es, da wir uns in diesem Moment wohl auf das Kitz konzentriert haben, bemerkt haben.

Etwa 20 m folgen wir der Rehfährte, die sich deutlich im Schnee abzeichnet – aber ohne einen Tropfen Schweiß. Dann brechen wir ab und sagen: „So nicht! Wir gehen zurück!“ Mein Sohn, der durchtreiben gegangen ist, hat den Hund dabei; außerdem wird es schon dunkel. Das Stück kann nicht weit kommen. Wir werden also morgen in der Frühe die Suche beginnen. Jetzt gehen wir zurück und holen das Kitz, das wir versorgen. Dann geht es auf zum Schüsseltrieb. Immer noch nachdenklich grübeln wir, wo der Schuss sitzen könnte und einhellig kommen wir zu der Meinung, dass es vermutlich ein Krellschuss gewesen sein dürfte.

Krellschüsse sind eine wirkliche Herausforderung für jeden Hundeführer, was für jede Schusswunde gilt, die sehr hoch angetragen ist. Nach einem etwas ausgiebigeren Schüsseltrieb und einer etwas kürzeren Nacht gehen Leo und ich beim ersten Licht gemeinsam nachsuchen. Beim Wundbett angekommen, untersuchen wir dieses noch einmal. Wir finden oben am Anschuss Schnitthaare und Wildbretteile. Also muss es ein Krellschuss sein!

Mein Brandlrüde Birko, der den Anschuss und die Rutschspur bis hinunter zum Wundbett bereits untersucht hat, wartet schon ungeduldig, dass er weitersuchen darf. Zügig nimmt er die im Schnee deutlich zu erkennende Rehfährte an und folgt dieser relativ ruhig quer durch das Hochholz.

Wir folgen der Fährte schon ca. 200 m und finden keinen Tropfen Schweiß – es ist unglaublich! Wir überqueren dann wieder eine Wiese, kommen in das nächste Waldstück, das etwas dichter ist. Deutlich ist die Rehfährte im Schnee zu sehen, aber kein Schweiß. Wir gehen und gehen, und ich bin mir relativ unsicher, obwohl der Rüde stramm im Riemen liegt.

Ich kann mir nicht erklären, warum wir keinen Schweiß haben. Birko ist aber ein sehr dominanter Rüde, der schon oft gezeigt hat, wie er nachsuchen will. Es ist dabei schon öfter passiert, wenn sich der Schweißriemen verhängt oder ich zu langsam nachkomme, dass er einen Dreh macht und aus dem Schweißriemen herausschlüpft und die Suche allein fortsetzt.

Auch jetzt sieht er mich schon einige Male vorwurfsvoll an; so als ob er sagen wollte: „Gib mir doch endlich die Halsung herunter!" Bevor ich ihm die Halsung abnehmen kann, hat er seinen berühmten Dreh auch schon gemacht. Ein Rutscher und die Halsung ist herunter und Birko geht gemütlich auf der Schweißfährte weiter. Wir folgen auch und nach ca. 10 Minuten hören wir schon das Klagen eines Rehes.

Gott sei Dank! Jetzt haben wir es! Wir eilen dem Laut, den wir gehört haben, nach und sehen, wie Birko die Rehgeiß an der Drossel gerade abtut. Als wir zum Stück hingelangen, findet sich unsere Vermutung bestätigt. Der steil nach oben angetragene Schuss ist etwas hoch gewesen, ist direkt oben am Rücken ausgetreten und hat dabei die Wirbelsäule gestreift. Darum ist das Stück auch blitzartig zusammengebrochen.

Für Birko eine relativ leichte Nachsuche, obwohl auf einer ca. 800 m langen Fährte kein einziger Tropfen Schweiß zu sehen war. Wir untersuchen unsere Geiß und können feststellen, dass sich zwischen Decke und Wildbret eine große Menge Schweiß angesammelt hat, aber nicht nach außen getreten ist. An diesem Beispiel erkennt man wieder, wie schwierig es dann wird, wenn das Stück womöglich noch am selben Tag aufgemüdet wird und weitergeht.

Unsere Geiß wurde von Birko im Wundbett überrascht; bevor sie noch richtig flüchten konnte, hatte Birko sie bereits abgefangen gehabt. Zum Glück hatte sich Birko auch selber vom Schweißriemen gelöst. Wären wir mitgegangen, hätten wir das Stück hoch gemacht und die Nachsuche hätte länger gedauert.

Das ist ein Beispiel dafür, warum ich den Jagdverstand der Bracken besonders schätze: Sie arbeiten selbstständig und kompromisslos am Stück, packen an und ziehen nieder. Und das alles von einem Hund, der zu Hause das sanfteste Wesen ist, das man sich nur vorstellen kann.

Nachdem wir das Stück versorgt haben, müssen wir natürlich noch mal zum Wirt hinunter. Der bereitet uns die Rehleber der Geiß zu; wir lassen uns diese Delikatesse herrlich munden. Die erfolgreiche Nachsuche klang mit einer ausgiebigen Feier aus.

Hasenjagd und Hinterlauf

An einem Samstag im Oktober ist Hasenjagd in der Herrschaft angesetzt. Dass der Jagdherr ein Herz für Hunde hat, sieht man an der Jagdgesellschaft. Von den eingeladenen Jägern ist kaum einer ohne Jagdhund dabei. Ein buntes Bild, das sich hier am Morgen im Gutshof präsentiert. So ziemlich alle Jagdhunderassen sind zu sehen und alle sind voller Passion. Endlich wieder jagen zu dürfen, lässt bei den meisten Vierbeinern so viel Vorfreude aufkommen, dass ihre Herrl'n damit ihre liebe Not haben. Von „Sitz!", „Platz!", „Down!", „Fuß!", „Aus!" bis „Pfui!" reicht die Palette der Befehle, die aber meistens ins Leere gehen. Nur wenige sind dabei, die ihren vierbeinigen Freund beruhigend streicheln und leise mit ihm reden. Beim Signal „Begrüßung" bekommen die Jagdhornbläser tatkräftige Unterstützung von zwei Terriern und auch ein Deutsch-Kurzhaar singt mit im Chor.

Nach den Begrüßungsworten und der Einweisung geht es ab ins Feldrevier.

„Nur die ‚Kurzen' schnallen!", lautet die Anordnung der Ansteller. Gemeint sind damit jene Hunde, die nur kurz das aufgestöberte Wild anjagen. Aber bei der ersten Herbstjagd und noch dazu beim ersten Trieb: Welche Hunde sind da wirklich kurz?! Somit bleiben dann auch die meisten Hunde an der Leine.

Bei der Streife über die Felder werden nur ganz wenig Hasen hoch und bei miserabler Schussleistung ist die Strecke dementsprechend niedrig. Großes Rätselraten beginnt, wo denn die sonst so vielen Hasen heute wieder sein werden; vielleicht, nein ganz bestimmt im nächsten Trieb, trösten wir uns.

Da ist ein Graben, der links und rechts von etwas Wald eingerahmt ist. Jetzt schnallen auch wir unsere Bracken, die mit viel Geduld den ersten Trieb an der Leine verbringen mussten. Mit vollem Eifer nahmen sie die Dickung an, und es dauert auch gar nicht lange, da ist das helle, jubelnde Gejauchze weithin zu hören. Natürlich kommt Basco mit einem Sprung Rehe daher, das soll zwar nicht sein, aber bei dem Übereifer passiert das schon das eine oder andere Mal. Der erfahrene Rüde hat aber schnell bemerkt, dass keiner der Schützen auf die Rehe „Dampf" macht und kehrt sehr schnell wieder zurück in den Trieb.

Jetzt, wo die Rehe erfolgreich ausgejagt sind, trauen sich auch einige andere Hundeführer ihre Hunde zu schnallen. Unter ihnen auch unser „Herr Schlaumeier", dessen Hund niemals Rehe jagen würde, wie er sagt. Jetzt, wo die Rehe weg sind, wird sein Hund natürlich keine anjagen. Mit dem Übergewicht, welches der Hund genauso wie sein Herrl zeigt, würde er aber sicher zu den „Kurzen" gehören.

Der Trieb ist nun wirklich besser und die Laune des Jagdherrn bessert sich. Meine Laune auch, denn Dux, meine Steirische Rauhaarbracke, bringt mir in perfekter Manier einen Hasen, den ich sauber rollieren lasse. Zum Erstaunen der Nachbarjäger apportiert Dux dann auch noch, was auch mich überrascht! Was Hunde aus „Beuteneid" alles tun!

Der schöne Jagdvormittag wird jäh durch das Geläute meines Mobiltelefons unterbrochen. Am Display sehe ich, dass meine Frau anruft. Das muss dann wohl etwas Wichtiges sein, sonst würde sie die Jagd nicht stören – und wirklich, eine Nachsuche steht an. Hr. OBF. F. hätte angerufen, er bräuchte dringend einen Hund. Er habe am Vorabend einen Rehbock „oh-geläufelt“, schon selber nachgeschaut und ein paar Tropfen Schweiß und Röhren-Knochensplitter gefunden.

Bei der Jausenstation „Trefflingfall“ in Puchenstuben würde er auf mich warten. Da ist man einmal zum Hasenstampern eingeladen und dann kann man wieder Nachsuchen gehen! Aber als Bereichshundeführer ist es meine Pflicht und ich mache das ja auch gern. Da der Trieb aus ist, melde ich den Jagdherrn, was los ist. Er hat dafür volles Verständnis und sagt: „Schaust nachher noch mal vorbei und wenn's nur zum Schüsseltrieb ist.“

Bei schweren Nachsuchen, und zu diesen gehört nun mal ein Laufschuss, gehen wir gerne zu zweit Nachsuchen: mein Sohn Walter, der den erfahrenen 10-jährigen Brandlrüden Basco führt, und ich mit meiner Steirischen Rauhaarbracke Dux.

Rehe sind perfekte „Drücker“. So ein laufkranker, alter Bock hält Hund und Herrl stundenlang auf kleinstem Territorium auf Trab, und oft ist er gar nicht zu kriegen. Mit unseren zwei Rüden, die bestens zusammenarbeiten, ist die Chance aber doch sehr gut, dass wir ihn bekommen.

Die Sonne steht schon hoch, als wir beim Treffpunkt eintreffen. Franz, ein alter, erfahrener Förster, war bis vor ein paar Jahren kein Freund von Hunden. Das hat sich geändert, als er vor Jahren sah, wozu gute Hunde fähig sind. Aber auch heute hat er seine Zweifel: „Ich glaube nicht, dass wir den Bock kriegen. Weil viel hat er nicht.“ „Probieren wir es! Los, geh ma's an!“

Wir fahren hinter dem Pick-up des Försters nach, immer höher windet sich der Holzbringungsweg, bis er schließlich aus ist. Von hier geht es zu Fuß steil bergauf, so richtig zum „Warmlaufen“ in Richtung Bach. In einer Schlucht rauscht ein Wildbach, links und rechts geht es steil bergauf; dünn bestockter Hochwald auf rauen Felsen. Unglaublich, dass sich die Bäume hier halten bzw. wachsen können. Parallel rund 10 m oberhalb des Bachs führt ein Wechsel in die Bergwelt hinein.

„Hier ist der Anschuss, und dann ist der Bock den Wechsel entlang geflüchtet. Zirka 500 m habe ich den Schweiß verfolgt", sagt Franz. Diese Freude! Immer wieder zertrampeln die Jäger die Schweißfährten und erschweren uns so die Arbeit.

Der „Anschuss" besteht aus zwei Schweißtropfen auf einem Felsen. Den Knochensplitter hat er nach rund 50 m am Wechsel gefunden.

Ich beginne mit Dux. Dieser geht am Schweißriemen langsamer als Basco, und das ist in diesem Gelände sehr angenehm. Walter führt Basco hinterher am kurzen Riemen. Meistens sieht der, der hinten nachgeht, mehr Pirschzeichen und findet häufig auch mehr Schweiß. Der Hundeführer, der vorn geht, konzentriert sich mehr auf den Hund. An seinem Verhalten kann man ablesen, ob er drauf ist oder nicht.

Dux nimmt die Fährte an, aber seine Begeisterung hält sich in Grenzen. Trotzdem kommen wir gut voran, und Walter bestätigt ab und zu Schweiß. Dem Gelände nach kann der Bock ja nur am Wechsel weiterziehen, denn links und rechts geht es extrem bergauf, so glauben wir wenigstens. Nach ca. 1 km immer entlang des Wechsels fängt Dux zu faseln an. Bergauf, bergab sucht er und kommt nicht weiter. Da wir die letzten 100 m auch keinen Schweiß bestätigen konnten, greifen wir zurück zum letzten Schweiß, der wie immer mit einem „Feh"-Taschentuch verbrochen ist. Nach einer kurzen Rast beschließen wir, mit Basco weiterzusuchen. Dieser nimmt heftig die Arbeit auf und nach etwa 30 m verlässt er im rechten Winkel extrem steil bergauf den Wechsel.

Wir schauen etwas ungläubig und klettern auf allen vieren nach oben. Kein Schweiß, aber Basco liegt fest im Riemen und will weiter. Nach 100 m ein Tropfbett. Der alte Basco ist ein Fuchs, den Haken hat er super ausgearbeitet! Jetzt schaut er uns freudig an und will geschnallt werden. Da wir in diesem Gelände den Hund höchstens behindern, schnallen wir Basco. Es dauert nicht lang und Basco ist unseren Augen entschwunden. Jetzt arbeiten wir mit Dux weiter, Dux zieht kräftig mit halbhoher Nase in jene Richtung, in die Basco entschwand. Auf einmal ein Hatzlaut! Basco ist offensichtlich am Bock. Mit rasender Geschwindigkeit geht die Hatz von uns weg. Wir schnallen auch Dux, der umgehend losprescht. Jetzt dreht die Hatz, kommt wieder herab auf uns zu und da – ein lautes Klagen! Zwei-, dreimal, dann ist es still. Erleichtert atmen wir auf. Voller Freude eilen wir den Berg hinauf in die Richtung, aus der das Klagen kam. Da kommt uns auch schon Dux entgegen, voller Freude holt er uns zu seiner Beute. Totverweisen!

Nach schweißtreibendem Anstieg zeigt uns Dux den von ihnen abgefangenen Bock. Basco steht voller Freude am Stück und wartet auf sein Lob. Wir sind sehr stolz auf unsere Hunde,

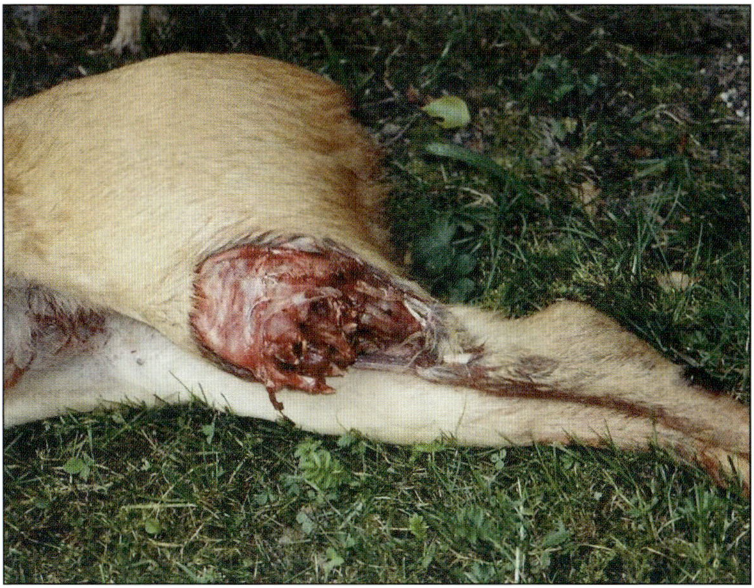

Mit dieser Verletzung noch steil bergauf!

dementsprechend werden sie auch abgeliebelt. Der Bock, ein kapitaler Sechser, 25 cm hoch, hat keinen Vorderlauf-, sondern einen Hinterlaufschuss direkt am Gelenk erhalten. Unglaublich, wie man mit so einer Verletzung so steil bergauf wechseln kann. Franz, der das Klagen gehört hat, kommt auch keuchend den Berg herauf. Den Kopf schüttelnd steht er, sichtlich gerührt, vor seinem Bock und kann sich nicht vorstellen, wie der Schuss so weit nach hinten kam. Überglücklich streichelt er unsere Hunde und sagt: „Wenn wir euch nicht hätten!"

So gut unsere Hunde auch zusammen jagen, spätestens beim Aufbrechen bzw. beim Belohnungshappen hört ihre Freundschaft auf. Brummend und knurrend warten sie auf ein Stück frischen Pansen, denn sie dann gierig hinunterwürgen.

Walter holt in der Zwischenzeit das Auto und dann fahren wir wieder zu unserem Treffpunkt zurück. Dort warten einige Jagdkollegen schon gespannt. Groß ist die Freude über den „Kapitalen", der ja noch am letzten Tag der Schusszeit zur Strecke kam. Groß fällt auch das Lob für die Hunde aus. Herrlich schmeckt auch das kühle Bier nach diesen schweißtreibenden Stunden. „Darum heißt es ja auch Schweißarbeit!", so die belehrenden, witzig gemeinten Worte der Wirtin.

Nach einem kräftigen Umtrunk verabschieden wir uns, denn wir wollen noch rechtzeitig zur Hasenjagd kommen. Franz bedankt sich herzlich und wünscht uns noch ein kräftiges Weidmannsheil.

Als wir zurück sind, wird gerade die Strecke gelegt. Einige Hasen und ein Fuchs sind fein säuberlich aufgelegt und warten, „verblasen" zu werden. Nach dem Hasen- und Fuchstod blasen wir auch noch den Rehtod für den von uns gesuchten Bock.

Beim anschließenden Schüsseltrieb gibt es viel zu erzählen, und immer wieder stehen die Hunde im Mittelpunkt. Kein Wunder, sind doch fast alle Jäger, die selber Hunde führen und wissen, wie gut solche Erfolgserlebnisse sind. Spät, aber zufrieden brechen wir Richtung Lager auf.

Laufschuss

An einem Sonntagabend wird Walter von einem spätberufenen Jungjäger um Hilfe bei der Suche nach einem beschossenen Rehbock gerufen. Der Landwirt ist, als er um den Mais pirscht, mit einem Rehbock „zusammengestoßen" und hat freistehend frei aus etwa 80 m auf seinen 1. Rehbock geschossen. Nach dem Schuss ist er so „komisch" humpelnd in den Wald geflüchtet. Er hat dann selber im Wald gesucht und hat was wegbrechen gehört. Daraufhin hat er Walter gerufen.

Am Anschuss im Kleefeld werden am Abend noch von Walter ein etwa 6 cm großer Röhrenknochensplitter gefunden sowie Wildbretteile, aber keine Schnitthaare und kein Tropfen Schweiß. Auch auf der Fluchtfährte in den angrenzenden Wald findet sich kein Schweiß.

Am nächsten Morgen beginnt Walter die Nachsuche mit seinem zweijährigen Brandlrüden Ben. Ben arbeitet solche Krankfährten normalerweise sehr langsam, aber sicher.

Aber auf dieser zeigt er sich unsicher, im Wald, wo es total trocken ist, sucht er einmal links, einmal rechts, findet aber nichts. Nach mehreren Versuchen ruft Walter mich an, damit ich es mit Dux probieren soll.

Dux, der mit sechs Jahren doch schon sehr viel Erfahrung hat, findet ebenso wie Ben nicht weiter. In alle Himmelsrichtungen haben wir gesucht, nichts ist zu finden. Nirgendwo ein Tropfen Schweiß – die Hunde kommen nicht weiter. Also beschließen wir, Ben frei suchen zu lassen. Das ist immer unsere letzte Aktion, bevor wir erfolglos aufgeben. Das ist auch ein Grund, warum ich mit den Bracken jage. Ich schätze die selbstständige Arbeit dieser Hunde … und wenn sie etwas finden, geben sie einen informativen Spurlaut.

Wir schnallen also Ben, schicken ihn in den Wald zur Suche und warten heraußen; gespannt, was sich tut. Dux bleibt bei mir am Riemen. Nach ewig dauernden 20 Minuten ein Spurlaut, aber nur kurze Zeit. Dann folgt wieder Stille. Da hören wir auch schon auf dem krachdürren Waldboden Ben herankommen.

Ben saust aus dem Wald, hin zu Walter, winselt, macht kehrt und saust wieder in den Wald. Kurz danach wieder Spurlaut, der sich nach oben über den Bergrücken entfernt.

Ben, der sehr führerbezogen ist, hat also gefunden. Hat danach Walter geholt, dann wieder die Wundfährte angenommen und ist drauf, wie man hört. Großartig!

Dux wird jetzt am Riemen hektisch, er möchte, wie es schon so oft praktiziert wurde, dazugeschnallt werden. Genau das mache ich aber nicht. Ben soll allein versuchen, den Bock zu bekommen; gelingt das nicht, kann der zweite Hund noch immer geschnallt werden. Da wir aber jetzt von Ben keinen Spurlaut mehr hören, nehme ich an, dass der Rüde über den Bergrücken gewechselt ist. Daher gehe ich mit Dux am Riemen in diese Richtung. Dux zerrt heftig am Riemen, auf einmal reißt es ihn förmlich herum und er nimmt mit tiefer Nase eine Spur auf. Ich bin mir sicher, dass es die Krankfährte ist. Nach etwa 500 m auf der Krankfährte untersucht Dux ganz intensiv einen Baum. Als ich herankomme, sehe ich abgestreiften Schweiß auf der Baumrinde. Der erste Schweiß im Verlauf der ganzen Arbeit bestätigt mir, dass wir sicher auf der Wundfährte sind. Weiter geht es über den Bergrücken und auf der anderen Seite wieder hinunter, als wir ein eigenartiges, wie Standlaut klingendes Bellen von Ben hören. Standlaut ist bei unseren Bracken bei der Nachsuche auf Rehwild selten, da sie kompromisslos die kranken Stücke niederziehen. Um Ben zu helfen, schnalle ich jetzt Dux. Kurz ist der Spurlaut von Dux zu hören, dann ist es still. Als wir längere Zeit nichts hören, gehen wir in die Richtung, aus der der eigenartige Standlaut kam. Wir staunen nicht schlecht, als wir mitten im Wald an einen Teich kommen. Mitten im Teich schwimmt der kranke Rehbock und beide Hunde schwimmen hinterher. Dux fasst den Bock immer wieder am Träger, worauf beide untergehen, um kurz danach, nach Luft ringend, wieder aufzutauchen. Ben schwimmt aufgeregt rundherum und gibt

Standlaut, der sich durch die Anstrengung sehr eigenartig anhört. Als uns Ben am Ufer bemerkt, kommt er sofort heraus zu Walter und will immer wieder verweisen. Nach rund zehn Minuten im Wasser kann Dux den schwimmenden Bock offensichtlich nicht abtun.

Wir beschließen, dem Bock den Fangschuss anzutragen. Als der Bock an einer seichten Stelle mit dem Blatt etwas aus dem Wasser kommt, setzt Walter ihm die Kugel aus der 6,5 x 57 aufs Blatt. Doch dieser zeichnet kein bisschen und schwimmt wieder ins tiefe Wasser. Unglaublich! Deutlich können wir am Blatt den Einschuss sehen. Der Bock reagiert aber überhaupt nicht, sondern schwimmt weiter, als ob nichts gewesen wäre.

Dux versucht weiter, den Bock zu fassen, beide gehen wieder unter, tauchen wieder auf, aber es zeichnet sich kein Ende ab. Wir versuchen eine neue Strategie.

Wir Jäger entfernen uns vom Ufer und hoffen, dass der Rehbock an Land geht. Es dauert auch gar nicht lange, da schwimmt dieser ans Ufer und klettert heraus. Dux ist noch weiter hinten. So schicken wir Ben an den immer noch voll auf den Läufen befindlichen Bock. Und dieser macht kurzen Prozess. Er fasst den überraschten Bock am Träger und beendet das unglaubliche Drama.

Unser Jungjäger steht kreidebleich bei uns. Er kann das alles nicht glauben: „Wenn du mir das erzählt hättest, hätte ich gewettet, dass das ein perfektes Jägerlatein ist.“ Auch für uns war es eine nicht alltägliche Nachsuche. Nachdem die Hunde versorgt waren und der Bock im Kühlhaus war, wurde bei einer kräftigen, lange dauernden Jause der erstaunten Familie und den eingetroffenen Jägern die Nachsuche immer wieder erzählt. Alle bewunderten die Härte des beschossenen Rehbockes, bei dem schließlich der linke Vorderlauf ganz hoch abgeschossen war. Trotz eines Blattschusses schwamm er weiter. Bewundert wurde auch die Arbeit der Hunde, die trotz fehlendem Schweiß den Bock doch noch zustande gebracht hatten.

Äserschuss

Es ist 22 Uhr und ich bin gerade dabei, mich in die „Waagrechte“ zu begeben, als das Telefon klingelt. Leopold, der Reviernachbar ist es; er ersucht mich, am nächsten Tag in der Frühe zum Nachsuchen zu kommen. Er habe auf einen Bock geschossen, der auf den Schuss hin wie ein Lipizzaner vorn aufgestiegen und dann im vollen Lauf zurück in den Einstand geflüchtet sei. Er vermutet Vorderlaufschuss. Eine unruhige Nacht war die Folge. In Gedanken ist man schon mit der Nachsuche beschäftigt und das wiederum erschwert das Einschlafen.

Endlich ist es so weit. Um 5 Uhr früh treffen wir uns bei der Pölla-Kapelle. Während mir Leo den Hergang schildert und mich zum Anschuss führt, kommen schon zwei Schwammerlsucher aus dem Einstand, in den der angeschossene Bock geflüchtet war. Am Anschuss finden sich etwas Schweiß und ganz feine Knochenteile. Ich vermute vom Nasenbein. Das heißt vermutlich, dass ein Äserschuss vorliegt. Damit würde, wenn alle Läufe gesund sind, eine sehr schwere Nachsuche drohen.

Birko untersucht sehr andächtig den Anschuss und sucht in alle Richtungen. 10 m links, 10 m rechts; es dauert lang, bis er den Abgang findet. Obwohl mir Leo natürlich gezeigt hat, wohin der Bock geflüchtet ist, ist es sehr wichtig, dass der Hund den Abgang selber findet, denn dann ist er sicher drauf.

Der Jungmais, in den der Bock geflüchtet ist, ist so dicht, dass eine Riemenarbeit unmöglich ist. Andererseits ist ein Äserschuss am langen Riemen sowieso nicht zu bekommen. Ich schnalle Birko. Ich frage mich nur, was Schwammerlsucher in so einer Dickung suchen?

Birko ist langsam, aber zielstrebig in das Dickicht hinein.

Nach zehn Minuten hören wir schon Hatzlaut, der sich aber von uns entfernt. Also abwarten, was passiert. Es vergeht mehr als eine Stunde, bis Birko zurückkommt. Aber sein Benehmen ist auffällig anders. Anstelle des freudigen Verweisens setzt sich Birko neben mich und zittert am ganzen Leibe. Ich streichle ihn und rede ihm gut zu. Aber keine Chance: Birko will mir nichts zeigen, nichts verweisen.

Ich lasse Birko Zeit, das ist das Schöne, wenn man am Morgen Nachsuchen geht. Der ganze Tag liegt noch vor einem, und man kann sich die Zeit nehmen, die man braucht. Aber auch nach einer halben Stunde abwarten will Birko nach wie vor nichts von der Schweißfährte wissen. Betroffen machen wir uns auf den Rückweg hinunter zu dem Bauernhaus, dorthin, wo unsere Autos stehen.

Als wir zu unseren Autos kommen, wartet der Jagdleiter des Reviers dort schon aufgeregt: „Pold'l schnell komm, beim Grubbauer drüben hat ein wildernder Hund ein Reh gerissen, der Grubbauer hat ihm mit einem Prügel eins über den Schädel gezogen, daraufhin ist das Hundsviech davongelaufen. Vielleicht kommt er wieder, dann werden wir ihn gleich erschießen", lautet seine aufgeregte Schilderung.

„Ich fahr auch mit", sage ich und fahre hinterher. Beim Fahren überlege ich. Der Grubbauer war gerade auf der anderen Bergseite, als wir nachgesucht hatten. Als wir dort ankommen, eilt uns der Bauer schon entgegen. „So was", sagt er, „so was muaßt gsehen haben, i dua do Scheita legn, auf oamol kumt des Hundsviech mit dem Rehbock daher und bringt den neben mir um. Des is so schnell ganga, des Viech hot net amol gschriern. I hob den Köta glei a Holzscheidl um an Schädl ghaut, daun is er dahin gwesn."

Leopold und ich begutachten den Bock und können eindeutig feststellen, dass das der von uns gesuchte ist. Der obere Äser war total weggeschossen. Jetzt wird mir klar, warum Birko so verstört war und mir den Bock nicht verwiesen hat. Vielleicht zum Glück, denn wäre Birko beim Verweisen vorausgeeilt, hätte ihn der Jagdpächter womöglich erschossen.

Betroffen gehe ich zu meinem Auto zurück und hole Birko. Als wir uns dem Bauern nähern, fängt Birko ganz mächtig zu knurren an. „Do is jo des Hunsviech!", ruft der Grubbauer, als er meinen Hund sieht. Beide, der Jagdleiter und der Bauer, staunen nicht schlecht, als wir ihnen von der Nachsuche berichten. Leopold und ich sind froh, dass es so ausgegangen ist. Es hätte ja auch noch schlimmer sein können.

Bis Birko wieder freudig verwies, dauerte es einige Zeit. Aber nach einem halben Jahr hatte auch er das negative Erlebnis vergessen und war wieder ganz der Alte. Sensible Hunde können durch so ein negatives Erlebnis für immer ruiniert werden. Womöglich erfährt man das Ganze gar nicht und kann sich dann keinen Reim darauf machen, warum der Hund zum Beispiel nicht mehr verweist. Es gibt eben immer wieder Situationen, die nicht vorhersehbar sind.

Hohlschuss

Meine Frau und ich sind gerade am Heimweg von einer natürlichen Schweißprüfung (unter einer natürlichen Schweißprüfung versteht man eine Arbeit, bei der ein angeschossenes Wild nachgesucht wird). Ein junger Brackenführer hatte diese bei einer Nachsuche auf einen Rehbock erfolgreich abgelegt. Gerade als wir vom Ostrong herab zur Donau fahren, klingelt das Mobiltelefon. Ein Jungjäger, den ich noch vor kurzem im Jagdkurs hatte, ersucht uns um eine Nachsuche. Da wir unsere beiden Bracken mit dabei hatten, fahren wir gleich zu seinem Bauernhof. Als wir dort ankommen, erwarten uns neben dem Schützen noch weitere sechs Jagdkollegen mit drei verschiedenen Hunden. Ich ahne nichts Gutes. Dann folgt die Schilderung des Jungjägers: Am Vortag am späten Abend habe er vom Hochsitz aus auf ca. 40 m auf den treibenden kapitalen Rehbock geschossen. (Es ist Anfang August und schon seit Tagen brennend heiß.) Der Bock habe nur etwas „gezuckt“ und sei mit der Geiß im Maisfeld verschwunden. Am Anschuss fand sich viel Schweiß und ein Knorpelstück, wenig Schnitthaare. Er vermute, und das hätten auch die anderen Hundeführer, die bereits gesucht haben, bestätigt, dass der Schuss unter dem Rückgrat, also Hochblatt, durchgerutscht sei und dass das Knorpelstück vom Ausschuss vom Schulterblatt stamme. Mit diesem Schuss müsse der Rehbock irgendwo tot in den Maisfeldern liegen. Am selben Abend habe er selber noch mit seinem Vorstehhund gesucht, aber nichts gefunden. Am darauffolgenden Tag, also heute, hätten seine sechs Jagdkollegen samt ihren Hunden den ganzen Vormittag Maisfeld für Maisfeld abgesucht, aber nichts gefunden. Also musste der Bereichshundeführer her, in diesem Falle ich.

Um etwa 13 Uhr bei 30 Grad im Schatten beginnen wir mit der Nachsuche am vermeintlichen Anschuss. Die vor uns suchenden Hunde haben fein säuberlich alle Schweißtropfen und auch das Knorpelstück aufgefressen. Es ist also nichts zu finden; dazu kommt noch die ganze Korona samt den Hunden rundherum. Ich setze Ben, den Brandlrüden, zum Anschuss, weil er in solchen Situationen der Ruhigere ist. Zu meinem Erstaunen nimmt Ben die völlig vertrampelte Fährte an. Ruhig und langsam, wie das so seine Art ist, folgt er vermutlich der Fährte. Sehen kann ich nichts, aber Ben geht gut, dem Maisfeld entlang und dann nach rechts ab in den Mais. Kaum sind wir abgebogen, laufen schon zwei Hundeführer herbei und beschwichtigen, dass das richtig ist, weil ihre Hunde da auch hinein sind. Wie beruhigend. Laut diskutierend folgen sie uns nun auf Schritt und Tritt.

Meine Frau kennt mich und sagt: „Bitte bleib ruhig, sag nix, und suche weiter, der Ben geht eh gut."

So führt mich Ben durch drei Maisfelder, über abgeerntete Stoppelfelder wieder zurück zum Ausgangspunkt. Ich bin mehr geschafft als mein Hund und so breche ich die Nachsuche nach zwei Stunden ab. Ab in das nächste Gasthaus, so lautet die Devise. Widerstandslos folgen alle und so sitzen wir kurze Zeit später bei einem herrlichen kühlen Krügerl zusammen. So wie wir erholen sich auch unsere Hunde im Schatten und nach einer Stunde geben sie uns unruhig zu verstehen, dass sie wieder weitersuchen wollen. Genau das hatten meine Frau und ich auch vor, aber ohne die Korona. Also zahle ich noch eine Runde Bier und ersuche sie, hier im Gasthof zu warten, bis wir wiederkämen.

Als wir wieder im Revier sind, selektiere ich einmal das ganze Umfeld. Hier unten befindet sich ein Feld nach dem anderen, aber nach einer schmalen Wiese beginnt nach den Feldern der Wald. Wenn der Bock verendet in den Maisfeldern liegen würde, so meine Theorie, hätten die Helfer ihn schon gefunden; also wird er vermutlich in der Nacht hinauf in den Wald gezogen sein.

Meine Frau beginnt deshalb mit Dux, meinem Steirischen Rauhaarbrackenrüden, die Suche entlang am Waldrand, um den Einwechsel zu finden. Es ist ein angeflogener, wild angewachsener Schlag mit ca. 1 m hohem Bewuchs. Dornen und Stauden wechseln sich ab. Um zu beobachten, klettere ich oben am Schlag auf einen Scheiterhaufen und kann so von oben meiner Frau und Dux beim Suchen zusehen. Das Gespann ist schon fast am anderen Ende des Schlages angelangt, als Dux heftig in das Gebüsch zieht. Am Schweißriemen folgt meine Frau dem immer heftiger werdenden Dux, bis sie ihn dann schnallt. Es dauert keine zwei Minuten, da wird Dux laut. Schnell schnalle ich Ben und schicke ihn dorthin hinunter, wo Dux jagt. Schon höre ich auch Ben Laut geben und dann ein schauerndes Klagen und dann – Stille … Gespannt verfolge ich, wie sich meine Frau in Richtung der Hunde kämpft; das ist nicht einfach bei den vielen Brombeeren, doch bald ist sie beim Bock und winkt mir, ich solle doch herunterkommen. Jetzt kommt auch in mir die Freude hoch, und ich eile so schnell es geht hinunter. Als ich beim Bock bin, staune ich nicht schlecht. Ein wirklich kapitaler Rehbock, der Schuss saß aber nicht wie angenommen „Hochblatt“, sondern am Hinterlauf, und das Knorpelstück stammt aus dem Gelenk des völlig zerschmetterten Laufes.

Dux und Ben, die zusammen hervorragend jagen, haben in kürzester Zeit den Bock gefangen und ihn kompromisslos abgewürgt. Stolz überreiche ich meiner Frau den Bruch, den sie mit Dux und Ben freudig teilt.

Nach nicht einmal einer Stunde waren wir bereits zurück beim Wirt. Groß war das Hallo, als wir den Bock im Gastgarten zur Strecke legten und „Reh tot“ bliesen. Die Bockfeier dauerte noch

Stunden; es gab Streicheleinheiten und Lob für die Hunde und für die Jäger und Hundeführer Bier in rauen Mengen. Immerhin war das der erste kapitale Rehbock eines Jungjägers, den er schon fast verloren geglaubt hatte; dank unserer Bracken konnte er ihn doch noch in Empfang nehmen.

Schwierige Fährten! Leichte Fährten?

Sehr oft werden in Jägerkreisen Diskussionen über die Schwierigkeitsgrade bei den Nachsuchen geführt. Auf die Wildarten bezogen gibt es immer wieder Aussagen, die eher den materiellen Wert in den Vordergrund rücken als den wirklichen Schwierigkeitsgrad. Natürlich wird man nach dem Zustandebringen eines kapitalen Hirsches schneller berühmt als nach einem Rehkitz: rein auf den materiellen Wert bezogen, ist der Hirsch auf – grob

„Drei Brave"

geschätzt – 8.000 Euro, das Rehkitz hingegen auf 25 Euro zu taxieren. Aber war die Nachsuche beim Hirsch denn wirklich um so viel schwieriger?

Bei Nachsuchen ist zu beachten, dass jede Wildart je nach Verletzung unterschiedliche Verhaltensmuster zeigt. Die Art der Verletzung ist somit ausschlaggebend dafür, wie sich die Nachsuche gestaltet. Und natürlich ist es ein Unterschied, ob es sich um einen Weich- oder Laufschuss handelt. Diese und andere Komponenten sind bei einem „Nachsuchkrimi" wichtige Faktoren. Dabei kann es hilfreich sein, wenn man die Gewohnheiten der einzelnen Wildarten kennt. Rotwild legt oft, wenn es angeschossen ist, große Entfernungen zurück. Kilometerlange Nachsuchen sind dann keine Seltenheit. Das macht die Nachsuche natürlich schon sehr aufwändig und schwierig. Demgegenüber hat man aber, verursacht durch die Körpergröße und das Gewicht, eine sehr starke Bodenverwundung, die wiederum das Verfolgen der Fährte um einiges erleichtert.

Bedrängt durch einen wildscharfen Hund, stellt sich krankes Rotwild und kann durch den Fangschuss zur Strecke gebracht werden.

Ganz anders verhält sich da die Nachsuche auf Rehwild. Rehwild versucht sich zu „drücken", d. h. zu verbergen, um einer Gefahr zu entgehen. Krankes Rehwild geht zu seinem Einstand zurück; dorthin also, wo es sich bestens auskennt. Die Nachsuche bewegt sich hier oft auf kleinstem Raum.

Rehwild drückt sich gekonnt, meistens unsichtbar, vor dem Verfolger kreuz und quer, sodass man als Hundeführer oft Überraschungen erlebt. Auf oft nur 20 ha kann die Nachsuche auch mehrere Kilometer lang werden. Man legt zwar keine weiten Stecken zurück, aber durch das ewige kreuz und quer ist es für den Hund sehr schwer, nachzufolgen. Durch wenig Gewicht und wenig Schweiß ist die Wundfährte wesentlicher schwerer zu halten als bei einem Stück Rotwild. Verfolgtes Rehwild stellt sich auch nicht, der Nachsuchenhund muss also sehr schnell und wildscharf sein, um das Stück zu bekommen.

Was die Nachsuche auf Rehwild gegenüber der Nachsuche auf Rotwild erleichtert, ist die Standtreue und der kleine Bewegungsradius. Man kann, wenn man den Einstand des beschossenen Stückes kennt, relativ leicht Vorstehschützen platzieren und so eventuell zum Schuss kommen. Flüchtiges Rehwild muss aber auch erst einmal getroffen werden. Vergleicht man diese zwei Wildarten, dann ist die Aussage, dass Reh- oder Rotwild leichter zum Nachsuchen ist, nicht zutreffend. Man trifft den Kern eher, wenn man feststellt: Eine Nachsuche auf Rotwild gestaltet sich anders als auf Rehwild – aber nicht leichter oder schwerer. Wesentlich am Erfolg einer Nachsuche ist, ob das Nachsuchengespann den Anforderungen, die auf es zukommen, auch gewachsen ist.

Es hilft der beste Hund nichts, wenn der Hundeführer körperlich nicht in der Lage ist, nachzufolgen; sei es, weil das Gelände zu steil ist oder weil, wie wir es immer wieder erleben, der Hund im dichten Dornendickicht eine Sau stellt und sich der Hundeführer nicht traut, hineinzukriechen, um den Fangschuss anzutragen.

Wichtig sind aber auch die körperlichen Fähigkeiten des Hundes.

Bei hoher Schneelage wird ein kurzbeiniger Hund bald an seine Grenzen stoßen (zum Beispiel Dackel). Geht es in die steilen Felswände hinter einer Gams her, wird sich der schwere Hannoveraner schwertun, zu folgen. Dazu wurden ja auch leichtere Hunde gezüchtet, wie zum Beispiel der Bayrische Gebirgsschweißhund oder die Bracke.

Ein weiteres Kriterium ist die Ausbildung der Hunde. Viele Hundeführer arbeiten nur am Riemen, was bei einer Totsuche sicher sehr effizient ist. Bei einem Laufschuss wird es schwer sein, mit dem Hund am Riemen ein Stück Hochwild zu bekommen.

In solchen Fällen hat es sich sehr gut bewährt, einen zweiten Hund mitzuführen, der die Hatz beherrscht und den man dann später, am Wundbett angelangt, schnallt.

Schlecht ist es, wenn man aus falschem Stolz die Nachsuche mit der Ausrede abbricht, das Stück sei zu wenig krank und nicht zu bekommen. Darunter leidet das kranke Wild, aber auch das Ansehen der Jägerschaft. Als Hundeführer muss man erkennen, wenn man mit einer Nachsuche überfordert ist und nicht mehr weiterkommt. Selbstredend muss man in solchen Fällen ein anderes Gespann organisieren, das es möglicherweise schafft, die Nachsuche erfolgreich zu beenden. Ich persönlich bevorzuge bei schwierigen Nachsuchen mit zwei Gespannen zu arbeiten.

Erstens sieht der nachfolgende Hundeführer viel leichter die Pirschzeichen als der Vordermann, der sich hauptsächlich auf den Hund konzentriert, und zweitens kann man die Hunde, wenn sie müde sind, wechseln. Kommt es zu einer Hatz, speziell bei Laufschüssen, so werden zwei geschnallte Hunde die Hatz sehr schnell beenden: sei es beim Rehwild durch Abfangen oder dadurch, dass wehrhaftes Wild, durch zwei Hunde gestellt, die Bail nicht so leicht durchbrechen kann.

Zu den sehr schweren Nachsuchen gehören auch die Nachsuchen auf die „Ballenträger“, also Fuchs und Hase. Diese Ballenträger verursachen so gut wie keine Bodenverwundung, ihr Individualduft ist im Vergleich zu einem größeren Stück (Sau oder Rotwild) sehr gering und Schweiß in der Regel Mangelware. Wenn bei Treibjagden das Suchen gleich nach dem Schuss beginnt, ist durch den vorhandenen „Duft-Tunnel“ die Spur noch einigermaßen leicht zu halten. Ein kranker Hase geht meistens auch sehr bald ins Lager, ein Fuchs wird versuchen, sich in der nächsten Dickung zu verdrücken und sich übergehen zu lassen. Erfahrene Vorstehhunde sind bei solchen Arbeiten meistens erfolgreich. Eine richtige Fährtenarbeit nach 10–12 Stunden auf einen Ballenträger ist nur in den seltensten Fällen möglich. Da müssen die Witterungsbedingungen schon sehr günstig und auch Schweiß vorhanden sein. Zielführender ist hier meistens eine freie Verlorensuche oder ein Durchstöbern des Gebietes mit dem Ziel, dort das kranke Stück anzutreffen.

Nachsuchen auf Schwarzwild lassen sich überhaupt sehr schwer einschätzen. Oft passiert es, dass sich das kranke Stück schon in der nächstgelegenen Dickung einschiebt und dort gestellt wird. Dann wieder passiert es, dass das kranke Stück mehrere Dickungen durchquert, ohne sich einzuschieben, und oft kilometerweit geht. Schwarzwild ist sehr schusshart und geht häufig mit schweren Verletzungen noch sehr weit. Wenn es kann, nimmt verletztes Schwarzwild Suhlen an, die Wunden sind dann meistens mit Lehm verschlossen, sodass kein Schweiß mehr austritt.

Schwer macht die Nachsuche auf Sauen auch, dass sie häufig in Rudeln auftreten, und die richtige Fährte aus einem abgegangenen Rudel herauszuarbeiten, ist alles andere als leicht.

Behilflich beim Nachsuchen auf Sauen ist die meist deutlich vorhandene Bodenverwundung und deren starker Individualgeruch. Dass Sauen besonders wehrhaft sind, haben schon viele Nach-

Widder sind „hart im Schuss"!

suchengespanne erfahren. Gut eingearbeitete Hunde verstehen es aber meisterhaft, den Ausfällen geschickt auszuweichen und die Sau so lange zu beschäftigen, bis der Hundeführer hilfreich eingreifen kann.

Hornträger wie Gämsen und Mufflon sind bekanntlich auch sehr schusshart. Stellen sich Gämsen gern an schwer zugängigen Stellen ab, so legt Muffelwild oft weite Strecken zurück, häufig mit Widergängen versehen, bis es in das Wundbett geht.

Beide Wildarten stellen sich dem scharfen Hund und müssen durch den Fangschuss zur Strecke gebracht werden.

Da ich diese beiden Wildarten, Gämse und Mufflon, erst einige Male nachgesucht habe, fehlt mir hier die Erfahrung, über deren Nachsuche Genaueres zu berichten. Schwierige oder leichte Nachsuchen gibt es letztlich bei jeder Wildart.

Der Sitz der Kugel mit sämtlichen Begleiterscheinungen, Nachsuchen ohne oder mit unerfahrenen Hunden sowie Witterungsbedingungen sind maßgebliche Faktoren dafür, ob ein Stück zustande gebracht werden kann oder nicht. Natürlich kann auch der beste Hund einmal versagen. Es handelt sich schließlich um Lebewesen und nicht um Maschinen. Aber nachgesucht werden muss, das sind wir dem beschossenen Wild schuldig, ob groß oder klein – „billig“ oder „teuer“.

Erfolglose Nachsuchen

Jagen heißt nicht immer gleich Beute machen. Wenn man Jäger beobachtet, egal ob am Land, in der Luft oder im Wasser, wird man feststellen, dass nicht jeder Angriff gelingt und dass die „Beute“ oft als Sieger von der Bühne geht. Erfolg oder Misserfolg liegen oft sehr knapp beisammen. Auch als Hundeführer und Jäger musste ich diese Erfahrung schon oft machen und feststellen, dass das gesuchte Stück schlauer, schneller oder ausdauernder war als wir.

Ein sehr erfahrener Hundeführer schreibt in seinem Buch, dass eine Erfolgsquote von 60 % der Nachsuchen sehr hoch sei und man dazu schon sehr gute Hunde brauche. Zu den 40 % der nicht erfolgreich abgeschlossenen Nachsuchen gehören auch die „Kontrollsuchen". Wie der Name schon sagt, wird bei diesen Nachsuchen kontrolliert, ob das Stück getroffen ist oder nicht.

Wurde es nicht getroffen, hat man mit dieser Kontrollsuche für Gewissheit gesorgt, dass das beschossene Stück gesund entlassen wurde.

Zu den „nicht Gefundenen" reihen sich auch viele Nachsuchen, bei denen die Verletzung so gering war, dass die Stücke nicht zu bekommen sind. Das sind oft nur Kratzer oder Streifschüsse, wenn kein lebenswichtiges Organ verletzt ist. Solche Stücke sind meistens nicht zu kriegen, auch wenn oft viel Schweiß vorhanden ist.

Wie nun soll man als Hundeführer wissen, wo die Kugel genau sitzt? Natürlich gibt es Pirschzeichen, wie Schnitthaare, Schweiß, möglicherweise Pansen- oder Darminhalt, Lungen- oder Leberstücke, Wildbretteilchen sowie Knochensplitter, die häufig Klarheit verschaffen. Wenn am Anschuss eindeutig Lungenteilchen zu finden sind, ist es klar, wo die Kugel sitzt, und das Stück wird dann zu finden sein. Wenn Leberteile am Anschuss sind, wird man überlegen, ob man gleich nachsuchen geht oder einige Stunden wartet. Warten ist in dieser Situation oft die bessere Entscheidung, da das Stück dann meistens bereits verendet ist. Geht man zu früh nach, kann es passieren, dass man das Stück aus dem Wundbett hoch macht und dieses oft noch weite Strecken zurücklegt, was die Nachsuche sehr erschwert. Schwierig wird es, wenn die Pirschzeichen nicht so eindeutig und die Angaben des Schützen auch nicht präzise sind. Dann gibt es nur eines: auf den Hund vertrauen. Und das wiederum ist gar nicht immer so leicht.

Hierfür ein kurzes Beispiel: Ich selber trug einen Rehbock auf 60 m, als er breit stand, die Kugel an. Der Bock zeichnete gut und verschwand in den dahinterliegenden Brennnessel- und

Brombeergewächsen. Ich ließ mir Zeit, hatte ich doch meinen alten erfahrenen Dux mit; den Bock, so meine Erwartung, brauchte ich sicher nur zusammenklauben. Am Anschuss fand sich ganz klar Lungenschweiß, somit musste er da drinnenliegen. Dux geht, wenn er nicht muss, nicht gern in die Brombeeren und Brennnesseln – ich übrigens auch nicht. Deshalb umschlugen wir diesen „Schopf“. Dahinter war unser Bach. Dux, der sehr wasserfreudig ist, suchte gleich hinunter zum Bach, watete mitten hinein und trank ausgiebig. Auch gut, denk ich mir, aber jetzt bitte zeig mir den Bock, es wird nämlich schon finster. Dux interessierte sich zu meinem Ärger aber scheinbar gar nicht für den Schweiß, sondern watete genüsslich im Bach herum, immer bachaufwärts.

Ich wurde ungeduldig: Da schießt man einen Bock und findet Lungenschweiß und Dux geht baden anstatt zu suchen. Verärgert rief ich Dux heran und ging nach Hause.

Am nächsten Morgen gingen wir schauen, der Bock musste ja gleich in den Brennnesseln liegen. Meine Frau kam mit Asra (meine junge Brandlhündin) mit. Wir ließen Asra suchen.

Asra nahm ruhig die Fährte auf und führte uns durch die Brennnesseln hindurch hinunter zum Bach. Langsam buchstabierte sie die Fährte, querte einige Male den Bach hin und her, immer wieder Schweiß verweisend, bis wir ca. 150 m vom Anschuss auf einer Schotterbank ein „Tropfbett“ fanden.

Ich war sprachlos. Dass der Bock mit einem Lungenschuss so weit gekommen war, war unglaublich. Also hatte Dux gestern Abend doch recht! Doch bei diesem Tropfbett war Endstation. Wir fanden nicht weiter. Asra und Dux, beide suchten erfolglos im Bach und links und rechts am Ufer. In meiner Verzweiflung rief ich meinen Sohn an; er solle es mit seinem Hund probieren. „Ja, aber erst in einer Stunde“, sagte er, „wartet auf mich.“

Und so standen wir auf der Sandbank am Bach und warteten. Es war 6 Uhr früh und Dux schwamm immer noch im Tümpel herum.

Doch dann ging uns ein Licht auf, und zwar im wahrsten Sinn des Wortes. Ein Sonnenstrahl leuchtete durch das dichte Blätterdach wie ein Scheinwerfer auf den Tümpel herunter, in dem Dux badete, und ich traute meinen Augen nicht. Unter einem Erlenstock, etwa 30 cm unter der Wasseroberfläche, ragte ein Rehlauf zwischen den Wurzeln hervor. Der Bock wollte vermutlich von der Sandbank weg, durch den Tümpel an das andere Ufer. Dabei dürfte ihn die Kraft verlassen haben und die Strömung hatte ihn unters Wasser, hinter den riesigen Wurzelstock gezogen. Wenn der Sonnenstrahl nicht genau auf diese Stelle gefallen wäre, hätten wir den Rehbock nie gefunden – obwohl uns Dux am Abend zuvor und jetzt am Morgen wieder dorthin geführt hatte. Ich will an diesem Beispiel aufzeigen, wie knapp Erfolg und Misserfolg beisammenliegen können.

Wir waren knapp daran aufzugeben. Trotz eines hundertprozentigen Lungenschusses hätten wir den Rehbock fast nicht gefunden, wenn uns der hl. Hubertus den Sonnenstrahl nicht geschickt hätte.

Und wessen Schuld wäre das wohl gewesen? Meine Erfahrung ist: Bei den Nachsuchen, die erfolglos abgebrochen werden, sind zu 90 % wir Menschen der Grund – und nicht der Hund. Das habe ich schon oft bestätigt bekommen – so wie im obigen Beispiel.

Dux ist bei der Nachsuche schnurstracks zum Bach gegangen, nur habe ich es nicht „lesen“ können, und weil ich den Bock nicht gesehen habe, habe ich auch meinem Hund nicht geglaubt.

Für mich ein ernüchterndes Erlebnis, plädiere ich doch immer dafür, dem eigenen Hund zu glauben ... (Was auch nicht immer ganz leicht ist ...) Wie oft haben wir beim Nachsuchen den Hund, der nach links abbiegen wollte, nach rechts dirigiert, weil der Schütze versicherte, das Stück sei „nach rechts weggesprungen“. Dann mussten wir nach vielen Versuchen erfolglos aufgeben. Wahrscheinlich wäre das Stück „links oben“ zu finden gewesen ... wer weiß? Sehr oft erkennt man die Fehler, die beim Nachsuchen begangen werden, erst viel später – oder eben gar nicht.

Schon einige Male ist es mir gelungen, nach einer schlaflosen Nacht, in der ich über das Wieso und Warum einer erfolglosen Nachsuche nachgrübelte, den Fehler zu entdecken. Am folgenden Morgen ließ ich dem Hund freie Hand, sodass wir beim zweiten Versuch das Stück doch noch bekommen haben. Manchmal aber verrennt man sich völlig in eine falsche Richtung und bleibt erfolglos. Und wenn es der Hund in einem derartigen Fall noch so gut meint: Wir sehen es nicht. Auch solche Situationen gibt es.

Kommt man auf einer Wundfährte absolut nicht weiter, die vermutlich zu kriegen sein sollte, sollte man so viel Mut haben, es sich einzugestehen. Es zeigt menschliche Größe, wenn man zugibt, dass man diese Fährte nicht schafft. Wichtig ist dann, einen anderen Hundeführer herbeizurufen, der möglicherweise imstande ist, das Leiden des verletzten Wildes zu verkürzen. Ich habe das schon des Öfteren praktiziert; wir Hundeführer helfen uns gegenseitig gern aus. Schließlich passiert es jedem einmal, dass er einen schlechten Tag hat. Von Misserfolgen sollte man sich nicht verunsichern lassen, schließlich lernt man am meisten aus den Fehlern, die man begeht. Je öfter wir unseren Hunden die Möglichkeit verschaffen, nachzusuchen, umso besser werden diese.

Es ist wirklich sehr schön, wenn man mit einem jungen Hund, der gut vorbereitet wurde, bei Nachsuchen erfolgreich ist. Noch schöner ist es, wenn man miterleben darf, wie aus einem guten, jungen Hund ein alter, erfahrener Hund wird. Diese erfüllenden Erlebnisse möchte ich jedem Hundeführer wünschen. Haben Sie also Mut und lassen Sie sich durch Misserfolge nicht einschüchtern. Suchen Sie die Herausforderung! Sie werden sehen: Mit etwas Einfühlungsvermögen und Vertrauen in Ihren „Vierbeiner“ werden Sie bemerkenswerte Erfolge feiern.

Kontrollsuche

An einem lauen Maiabend sitzt meine Frau Margarete auf einer Leiter nahe einer viel befahrenen Straße auf Jahrlinge an. Um 20.30 Uhr fällt beim Nachbarn ein Schuss, und danach kann sie, etwa 500 Meter entfernt, beobachten, wie der Nachbarjäger ca. 30 Minuten lang im hohen Gras nach dem Reh sucht – ohne Erfolg.

Die Wiese endet bei einem Bach, gegenüber ist ein etwa 100 Hektar großer Fichtenwald, der schon zu unserem Revier gehört. Wenn also das Stück nicht auf der Wiese zu finden ist, dann wird es wohl über den Bach in unser Revier geflüchtet sein. Gespannt warten wir am nächsten Morgen auf den Anruf unseres Nachbarn zwecks Nachsuche. Da dies aber nicht passiert, gehen meine Frau und ich mit unserer sehr erfahrenen Brandlhündin Asra und dem jungen Rüden Bartl (Steirische Rauhaarbracke) nachschauen, ob wir vielleicht bei uns etwas finden.

Von der Leiter, von wo meine Frau das Geschehen beobachtet hat, gibt es einen Traktorweg ca. 30 Meter oberhalb vom Bach gegenüber der Wiese, wo der Nachbar gesucht hat. Wir gehen auf dem Traktorweg noch keine 50 Meter, da zeigt uns Bartl frischen Schweiß. Offensichtlich ist das Stück getroffen und bei uns im Wald unterwegs. Weil Bartl den Schweiß so schön verwiesen hat, lasse ich ihn die Fährte weiterarbeiten. Sehr interessiert arbeitet Bartl langsam die Schweißfährte auf dem Weg in verkehrter Richtung, zurück, in Richtung des vermuteten Anschusses. Ab und zu ein paar Tropfen Schweiß und zwei Tropfbette bestätigen uns, dass wir richtig sind. Auf der Höhe gegenüber der Wiese, wo der Nachbar gesucht hat, geht die Schweißfährte vom Traktorweg hinunter zum Bach, über den Bach (also ins Nachbarrevier) und raus auf die Wiese. Es gibt also keinen Zweifel mehr, dass unser Nachbar getroffen hat. Dort wo Bartl vom Traktorweg in Richtung Bach rechts abbog, zieht Asra, die von Margarete hinten nachgeführt wird, links hinauf in den Jungwald und wird am Riemen laut. Sie möchte geschnallt werden. Wir sind der Meinung, dass sie ein anderes gesundes Stück in der Nase hat und setzen Asra wieder auf der Fährte unten am Bach an und arbeiten die Wundfährte wieder in Fluchtrichtung. Vorsichtshalber markieren wir den gefundenen Schweiß mit Taschentüchern.

Als wir ganz vorne ankommen, fängt Asra zu faseln an. Kreuz und quer, auf und ab sucht sie alles ab, und wir finden immer wieder Schweiß. Offensichtlich ist das kranke Stück hier im Kreis gegangen. Asra braucht ziemlich lange, bis sie den Knopf auflöst, sucht dann aber sehr zielstrebig am Traktorweg wieder retour. Margarete und ich sind momentan etwas verwirrt und können es fast nicht glauben, dass das kranke Stück wieder zurückgegangen war, bis uns Asra frischen Schweiß verweist. Die Wundfährte geht also wieder ca. 400 Meter retour, und wo Bartl zu Beginn nach unten zum Bach (in Richtung Anschuss) gesucht hat, sucht Asra wieder links hinauf und wird wieder am Riemen laut. Während wir überlegen, ob wir sie schnallen, wird 10 Meter vor uns ein Stück hoch und flüchtet in den dichten Jungmais.

Asra zieht uns heftig bis zum Wundbett, und als wir den Schweiß bestätigen, wird Asra geschnallt. Lauthals jagt Asra auf der Wundfährte, und nach etwa 100 Metern hören wir schon das Klagen des kranken Stückes. Große Erleichterung und Freude kommt in uns hoch. Bartl wird jetzt auch geschnallt, und auch er eilt, genauso wie wir, zu Asra und ihrer Beute.

Asra hat das Schmalreh, das einen tiefen Hinterlaufschuss hat, auf der anderen Seite des Baches, also im Nachbarrevier, niedergezogen. Da wir ein sehr freundschaftliches Verhältnis zu unseren Nachbarn haben, haben wir auch keine Bedenken, als wir die Reviergrenze überschreiten. Voller Freude wird Asra jetzt abgeliebelt und belohnt. Wieder hat sie uns bewiesen, dass sie die Gescheitere von uns allen ist. Hätten wir ihr beim ersten Mal geglaubt, als sie am Riemen laut wurde, dann hätte die ganze Nachsuche nach 15 Minuten geendet. Durch ihren enormen Beutetrieb hat sie sich aber von uns nicht rausbringen lassen und hat uns zum Stück geführt. Am Stück zeigt Asra dem jungen Rüden sehr deutlich, dass das ihr Stück ist, und Bartl muss es schmerzhaft zur Kenntnis nehmen.

Ich rufe jetzt meinen Nachbarn an und frage ihn, ob gestern irgendjemand geschossen hat. „Ja“, sagt er, „ein Jagdkollege.“ Er habe ihm aber versichert, dass er gefehlt hätte.

„Ganz so war es nicht“, sage ich und erzähle ihm von der Nachsuche.

„Na, super, ich komme gleich“, meint der Nachbar. Einige Minuten später ist er bei uns und bedankt sich für die gelungene Nachsuche. Bei einem kühlen Bier, das er uns mitgebracht hat, besprechen wir das Ganze noch einmal und kommen zu dem Ergebnis: **Nach jedem Schuss, bei dem das Stück nicht gefunden wird, ist eine Kontrollsuche mit einem fermen Hund unbedingt notwendig!**

Nachsuche auf Hochwild

Eine unverhoffte Einladung

Eines Abends im Dezember werde ich durch ein Telefonat überrascht. Dr. M. ruft mich an und fragt, ob ich beim anstehenden Hirschriegeln dabei sein möchte. Er wolle sich damit für die Mühen bei den vorangegangenen Nachsuchen, die ich in seinem Revier gemacht habe, bedanken. Mich freut das natürlich sehr und ich sage zu.

Solche Einladungen sind selten. Hätte ich nämlich all die Gämsen und Böcke geschossen, die mir nach erfolgreicher Nachsuche versprochen wurden, bräuchte ich einen eigenen Trophäensaal. Zum Glück haben sie aber noch alle in meiner kleinen, gemütlichen „Stube" Platz. Spätestens nach der Heimfahrt nämlich setzt das Vergessen ein – bis zur nächsten Nachsuche.

Umso erfreulicher, wenn dann jemand eine Einladung ausspricht, der vorher nichts vom Jagen gesagt hat, sich aber nach der Nachsuche großzügig bedankt hat – noch dazu für eine Nachsuche, die möglicherweise ich selbst verbockt hatte.

Gott sei Dank ist das nur selten der Fall, hat es aber bereits gegeben. Und das kam so: M., ein junger Förster, der vor kurzem erst das Revier übernommen hat, ruft an und fragt, ob wir nicht eine Kontrollsuche übernehmen möchten. Der Sohn des Pächters hatte einen Zweierhirsch beschossen, der auf den Schuss im steilen Gelände einige Meter nach unten abgerutscht war, dann wieder auf die Läufe kam und mit vier anderen Hirschen über einen ganzen Schlag hinüber ins Hochholz gewechselt sei.

Der Anschuss genau bei einem hellen Wurzelstock ist leicht zu finden. M. hatte mit seiner sehr erfahrenen und guten Brandlhündin bereits geschaut, aber nichts gefunden: kein Schweiß, keine Schnitthaare, sehr wohl aber die Fährte und die Abrutschspur.

Seine Hündin zeigte aber kein Interesse und so glaubt er, dass der Hirsch gesund sei. Es wäre ihm aber recht, wenn wir es kontrollieren könnten. Als Bereichshundeführer ist es für mich eine Selbstverständlichkeit; so fahren wir beide, mein Sohn Walter mit Basco und ich mit Dux, ins „Roaneck" – so nämlich heißt dieses herrliche Bergrevier am Fuße des Ötschers.

Der Schütze, der schon einige Erfahrung mit Hochwild hat, ist vollkommen überzeugt, dass der Hirsch die Kugel im Leben hat. Unerklärlich bleibt aber, dass kein Schweiß zu finden ist. M. bringt uns zum Anschuss. Auch wir finden keinen Tropfen Schweiß und kein Schnitthaar, nur tiefe Ausrisse am steilen Waldboden.

Eigenartig ist, dass auch unsere beiden Hunde kein Interesse zeigen. Obwohl wir den Wechsel genau verfolgen, finden wir nichts, und die Hunde gehen einmal dahin und einmal dorthin. So suchen wir dann die ganze Umgebung systematisch ab, und nach vier Stunden geben wir erfolglos auf. Interessant ist, dass das Verhalten unserer beiden Hunde dem der alten erfahrenen Hündin von M. entsprach: also keinerlei Interesse erkennbar wurde. Wir glaubten deshalb, der Hirsch sei gesund entlassen worden. Leider war dem nicht so. Der Hirsch wurde drei Wochen später von Pilzesammlern verludert gefunden. Mit einem Weichschuss lag er ca. 200 m weg vom Anschuss, 10 m neben dem Forstweg, auf dem unsere Autos standen. Warum unsere Hunde nicht hingegangen sind, bleibt genau so ein Rätsel wie dass wir, wo wir zu viert sicher eine Viertelstunde bei unseren Autos standen und diskutierten (also 10 m neben dem Hirsch), den Hirsch ebenfalls nicht gerochen oder gesehen haben … Oder lag er zu diesem Zeitpunkt gar nicht an diesem Ort? Wir werden es nie erfahren …

Solche negativen Erlebnisse sind schon sehr ärgerlich; trotzdem war der Pächter nicht böse. Im Gegenteil: Er lädt uns dann auch noch zum Hirschriegler ein. Solche Menschen trifft man wahrlich selten.

Am Donnerstag war es dann so weit. Um 8 Uhr ist Treffpunkt bei der Schindlhütte. Leider ist die noch nicht aufgesperrt, und so warten wir frierend bei strahlendem Sonnenschein, aber minus 10 Grad und mehr als einem Meter Schnee, bis alle eingetroffen sind. Ohne Schi oder Schneeteller geht heute gar nichts.

Nachdem der Jagdherr uns eingewiesen hat, geht es auf zum schweißtreibenden Anstieg ins Revier. Alles, was man entbehren kann, wird ausgezogen und im Rucksack verstaut. Das Vorankommen ist mühsam, die Schneeteller gehen auch einen halben Meter unter und die Schistöcke versinken komplett. Da ist ein Kilometer lang. Nach hartem Kampf erreiche ich meinen Hochsitz.

Ein Kaiserstand. Mitten in einem lichten Hochholz, unter mir ein Graben mit Jungwald. Der Einstand, ein stark benutzter Wechsel, geht so ca. 30 m über mir den Berg hinauf … herrlich! Herrlich ist auch mein Hochstand. Es sieht unglaublich schön aus, wenn alles so tief verschneit ist. Aber es ist ein schöner Batzen Arbeit einen Meter Schnee vom Sitz zu entfernen. Aber auch das schaffe ich so halbwegs und beim Anziehen von Pullover und Jacke freue ich mich schon auf das bevorstehende Treiben. Ein Blick auf die Uhr sagt mir, in fünf Minuten geht es los.

Zwei Schützentreiber fahren mit den Schiern rund um den Berg. Da muss man schon in den Bergen aufgewachsen sein, wenn man bei dieser Schneelage mit dem Gewehr am Rücken durch den Wald saust. Aber die beiden beherrschen das, und einige Schüsse bestätigen, dass Wild auf den Läufen ist.

Angespannt warte ich, bis ich eine Bewegung im Einstand bemerke. Die Spannung und der Puls steigen, als fünf Geweihträger am Wechsel heraufkommen. Ein gigantischer Anblick! Aber kein passender Dreierhirsch ist dabei, alle sind zu gut. Leider wechselt das Kahlwild so weit unter mir durch, dass ich nur noch erkennen kann, dass es welches ist. Ans Schießen ist aber gar nicht zu denken.

Ein herrlicher Anblick, und so sind die zwei Stunden rasch vergangen. Pünktlich um 13 Uhr, so wie es vereinbart ist, ist der Trieb aus und es geht auf zum Sammelplatz.

Am Weg dorthin helfe ich einem Schützen, der zwei Kälber sauber erlegt hat, diese zu bergen. Bei dem vielen Schnee nicht einfach, aber es geht Gott sei Dank bergab, und so sind wir nach einer Stunde harter Arbeit auf der Forststraße, wo unsere Autos stehen.

Erleichtert landen das Gewehr und der schwere Rucksack am Rücksitz meines Autos. Gerade als ich die Schneeschuhe abmontiere, saust OBF P. auf seinen Schiern herunter.

„Kannst sie gleich wieder anschnallen", meint er, „ich habe ein Hirschtier weich geschossen, geh bitte nachsuchen!"

Diese Freude ...: mehr als ein Meter Schnee und steiles Gelände, das konnte heiter werden ... Den Anschuss, so meint er, fänden wir ganz leicht. Wir müssten nur seiner Schispur nachgehen, dann kämen wir direkt zum Anschuss hin. Mit mir kommt als Ortskundiger der junge Förster M. mit seiner erfahrenen Brandlhündin.

Ich habe meinen Steirischen Rauhaarrüden Dux dabei. Eher nebenbei erwähnt unser Hr. OBF, dass sein Hund, dessen Rasse sich nicht bestimmen lässt, die Schweißfährte angenommen habe. Er vermute, dass diese bald auf eine Gesundfährte gewechselt sei, da der Hirsch nicht mehr aufgetaucht sei und auch kein Standlaut zu hören gewesen wäre. Seiner Meinung nach müsste sich das Tier bald schwerkrank stellen.

Nicht gerade zuversichtlich stapfen wir los. M. hat sein Gewehr dabei und macht zu Beginn den Schneepflug. Gemeint ist damit, dass er vorn im tiefen Schnee die Spur macht, und ich es hinterher etwas leichter beim Gehen habe. Unsere beiden Hunde finden sehr schnell heraus, dass es hinter mir in der Spur noch besser zu gehen ist und ließen uns „bereitwillig“ den Vortritt. Bei bauchhohem Schnee steil bergauf geht man nicht lang bis zum ersten „Hoberl“.

Regelmäßig wechseln wir uns vorneweg ab und kommen nach einer Dreiviertelstunde, immer der Schispur folgend, zum Anschuss. Ein paar Schnitthaare und ein paar Tropfen Schweiß, mehr finden wir nicht. Aber im tiefen Schnee kann man ab und zu einen fußballgroßen Abdruck sehen. Offensichtlich drängen Eingeweide durch den Ausschusskanal und bildeten diesen ballgroßen Klumpen, dessen Abdruck ab und zu im Tiefschnee zu sehen ist; meistens ist auch etwas Schweiß darin zu erkennen. Da bei dieser Schneelage ein Schweißriemen nur eine Behinderung wäre, lassen wir Dux vorneweg suchen. Anka, die Brandlhündin, bleibt bei uns.

Dux kann auch nur springend durch den Tiefschnee vorankommen. Es dauert nicht lange, da ist er unserem Blickfeld entschwunden. Die Fährten des kranken Stückes sowie die von Dux sind aber leicht zu halten und so geht es lange Zeit durch das Hochholz immer quer am Hang. Mit Verbissenheit kämpfen wir uns durch den Schnee. Bei jeder Kuppe, die wir erreichen, hoffen wir, dass wir Standlaut zu hören bekommen, was aber nicht der Fall ist. Anka, die immer wieder kurz voran sucht und wartet, bestätigt uns, dass wir richtig sind. Zwei Stunden sind wir jetzt schon unterwegs, als wir merken, dass sich dem kranken Tier ein Kalb angeschlossen hat. Also auch noch ein führendes Tier, das wir nachsuchen – kein gutes Zeichen, denn führende Tiere gehen bis zum letzten Tropfen Schweiß (was sich später auch bestätigte).

Unsere Hoffnung steigt, als wir uns der Reviergrenze, einem tiefen Graben, nähern. M. meint, dass das kranke Tier diesen Graben nicht überwinden könnte und hofft, dass wir hier an das Stück herankommen. Doch der Graben ist leer. Das kranke Tier ist zwar in den Graben eingewechselt, aber nicht über den

Gegenhang hinaus, sondern durchquert die fast senkrechte Felsenwand, die diesen Graben nach oben versperrt.

Deutlich kann man im fast 1 ½ m tiefen Schnee erkennen, dass Dux dem Tier stark zugesetzt hat. Um den Hund abzuschütteln, durchquerte das kranke Stück die Felsenwand, wie der Schweiß bestätigte. Die Spur von Dux hingegen führt auf dem Gegenhang aus dieser Steilschlucht hinaus. Unglaublich, welche Energie da noch vorhanden war – beim Tier, genauso aber auch bei Dux.

Wir zwei oder drei, Anka eingerechnet, sind körperlich wie psychisch am Ende. Es ist inzwischen 17 Uhr geworden und fast dunkel. Wir müssen versuchen, die nächste Straße oder die nächste Ortschaft zu erreichen. Das war Nestelberg; die Ortschaft lag drüber den Graben rechts hinauf. Also müssen wir durch.

Mit der Energie der Verzweiflung kämpfen wir uns durch die Schneemassen. Ober den Felsen finden wir die Wundfährte, von Dux verfolgt. Diese geht ebenfalls steil bergauf. Als wir auf der Wundfährte einen Forstweg queren, verbrechen wir diese Stelle und folgen dem Forstweg in Richtung Straße.

Aber wir müssen zu unserem Auto ca. 7 km zurücklegen. Innerlich verfluchen wir unsere Jagdkollegen. Einer hätte schon mit dem Auto auf uns warten können. Wir treffen sie dann alle gut gelaunt im Gasthaus beim Schüsseltrieb. Einer erzählt uns, dass er Dux ganz hinten Standlaut geben gehört hat. Er konnte aber wegen dem hohen Schnee nicht hinauf. Jetzt wissen wir, dass Dux mit dem Tier am anderen Ende des Reviers war.

Wir trinken schnell zwei Gläser Glühwein; haben keinen trockenen Faden am Körper und frieren wie nasse Hunde. Dennoch: Wir werfen uns ins Auto und suchen Dux. Wir fahren den schneegeräumten Forstweg so weit es geht hoch, aber von Dux ist nichts zu hören. Ich lasse mein Auto stehen, Heckklappe offen, Decke und Wetterfleck aufgelegt. Sollte Dux kommen, hat er eine warme Unterlage. Dann fahren wir wieder hinunter zum Wirt.

Der gibt uns einen trockenen Pullover und nach mehreren Glühweinen und gutem Essen kommen wir wieder auf Touren. Um Mitternacht fahren wir wieder zu meinem Auto. Groß ist die

Freude, als Dux zusammengerollt auf meinem Wetterfleck liegt. Auch Dux ist total nass; also wird die Heizung im Auto voll aufgedreht und dann geht es ab nach Hause. Ausnahmsweise darf Dux diese Nacht beim Kachelofen schlafen, sonst liegt er in seiner warmen Hütte im Zwinger.

Am nächsten Morgen geht es wieder weiter. Das kranke Stück muss her und wenn es noch so mühsam wird. Ich bin allerdings beruflich verhindert, aber meine Frau fährt mit M. um 7 Uhr ab ins Revier. Mit dabei ist wieder Dux, meine Steirische Rauhaarbracke, sowie Basco, der Brandlbrackenrüde meines Sohnes Walter. Beide Rüden arbeiten bestens zusammen und gehorchen meiner Frau aufs Wort.

Anka, die alte Hündin von M., bleibt zu Hause. Sie ist von den Anstrengungen schwer gezeichnet. Mit von der Partie ist noch der Revierjäger vom Nachbarrevier, der meine Frau etwas skeptisch mustert. Wo wir am Vortag die Wundfährte verlassen haben, wird die Nachsuche wieder aufgenommen. Deutlich sind im tiefen Schnee die Spuren des kranken Tiers, die vom Kalb und die von Dux zu sehen. Meine Frau setzt den sehr erfahrenen Brandlbrackenrüden Basco an. Basco ist gerade neun Jahre alt und hat schon sehr viele schwierige Nachsuchen zustande gebracht. Gemütlich untersucht er die Wundfährte und ist, der Fährte folgend, auf und davon.

Dux folgt mit der Mannschaft. Mehr als zwei Stunden kämpfen sich meine Frau und die anderen Mitstreiter durch den Schnee, bis sie zu dem Platz kommen, an dem Dux am Vorabend das Tier vermutlich gestellt hat. Eine größere Fläche ist niedergetreten und voll Schweiß. Möglicherweise hat Dux versucht, das Tier zu greifen. Jetzt wird auch Dux geschnallt. Die Manschaft kann ja im tiefen Schnee die Fährte leicht verfolgen, die sich rund um den Berg zieht.

Gegen 13 Uhr, sie sind ca. 6 km gelaufen, endlich der so ersehnte Standlaut von Basco. Aber er klingt irgendwie seltsam. Die Mannschaft eilt in diese Richtung, als ihnen Dux auch schon entgegenkommt, um sie zu holen. Das machen die beiden immer so: Wenn es lang dauert, kommt einer von den zweien zurück, um uns zu holen.

Groß ist die Freude, als sie über einen Abbruch hinunterschauen können. Basco steht beim bereits verendeten Hirsch und gibt Laut.

Als meine Frau und die anderen herantreten, können sie feststellen, dass das Tier unmittelbar vor ihrem Kommen verendet ist – und das 5 m neben der Forststraße. Wenigstens ist die Bergung leicht. Nach der roten Arbeit, bei der jeder unserer braven Bracken ein großes Stück vom Pansen bekommt (Genossenmachen), und dem Verladen auf den Autoanhänger, lädt der Revierjäger die Nachsucher zu sich zum Essen ein.

Nach dem Essen, bei einem guten Glas Wein, werden die Hunde entsprechend bewundert und auch die Leistung der Hundeführer.

Insgesamt hatten wir eine Strecke von 12 km hinter dem kranken Tier und das bei gut einem Meter Schnee zurückgelegt. Das war eine der schwersten Nachsuchen, die wir hinter uns gebracht haben. Am nächsten Tag wurde dann auch das Kalb von M. zur Strecke gebracht.

Vorderlauf beim Hirsch

Es ist Mitte Oktober, und die Hirschbrunft im vollen Gange; einige passende liegen schon auf der Strecke, als ich angerufen werde.

Ein sehr guter, erfahrener Schweißhundeführer ersucht mich, ob ich nicht kommen könnte. Er habe selber schon zwei Tage versucht, einen angeschossenen Hirsch aufzuspüren, blieb dabei aber ohne Erfolg. Er glaubt aber, dass der Hirsch zu kriegen sein könnte.

Ich werde nachdenklich. Wenn dieser Hundeführer den Hirsch schon nicht bekommt, wo er doch sicher mehr Erfahrung hat als ich, wie soll ich es dann schaffen? Wenn er mich aber schon um Hilfe bittet, dann sollte ich auch kommen. Die Chancen stehen denkbar schlecht und die Reaktionen, wenn man nicht erfolgreich ist, sind auch nicht gerade erfreulich. Wenn er aber der Auffassung ist, dass der Hirsch zu kriegen sei, dann sollte man es auch versuchen, dass ist man der leidenden Kreatur schon schuldig.

Nach langem Abwägen sage ich mit Bauchweh zu. Mit Bauchweh deshalb, weil auch mein alter erfahrener Rüde nicht mehr zu schwierigen Nachsuchen zu gebrauchen ist; er steht bereits im zwölften Behang (im 13. Lebensjahr). Somit muss mein junger Rüde „Birko“, der auch schon brav arbeitet, allein zurechtkommen.

Etwa um 10 Uhr erreiche ich den herrlich gelegenen Bauernhof, eingebettet inmitten 180 ha Eigenjagd. Das sehr waldreiche Gelände ist sehr steil und schwierig zu begehen. Der junge Bauer hat seinen ersten Hirsch auf eine doch größere Distanz beschossen. Beim ersten Schuss zeichnete der Hirsch, indem er vorn hochstieg, zwei weitere Schüsse gingen vermutlich fehl.

Am Anschuss ein paar Tropfen Schweiß, sonst nichts. Dort wo er eingewechselt war, wieder etwas Schweiß. Hans, der erfahrene Hundeführer, hat schon alles abgesucht, aber es ist wie verhext, die erfahrene Hündin kann diesmal nicht helfen. „Na, dann probiern's mir halt, aber Wunder wirken kann ich auch nicht“, sage ich zu dem jungen Jäger, der sich seinen ersten Hirsch so sehr wünscht. Drei Jäger werden als Vorstehschützen an Wechseln abgestellt und der Nachbar-Revierpächter wird verständigt, denn bei 180 ha ist die Wahrscheinlichkeit, dass der Hirsch mit dem vermuteten Laufschuss über die Grenze wechselt, doch sehr groß. Es darf aber nur am Riemen gearbeitet werden, sonst vertreibt mir der Hund noch die Brunfthirsche, ist seine Bedingung. Wir dürfen aber weitersuchen. Abwarten, denke ich still.

Früher habe ich mich strikt an solche Anordnungen gehalten und dadurch einige Nachsuchen nicht bekommen, heute, wenn ich es für notwendig halte, schnalle ich meinen Hund auch ohne die Erlaubnis des Revierbesitzers.

Wenn dann das Stück zustande kommt, fragt sowieso keiner mehr wie!

Als ich Birko zum Anschuss lege, ist sein Interesse nicht gerade sehr groß. Es ist ja auch alles niedergetrampelt. Je weiter wir aber in den Wald hineinkommen, desto größer wird das Interesse an der Fährte. Immer wieder sucht Birko bergauf und -ab, im steilen Gelände. Er hat offensichtlich Mühe, der Fährte zu folgen. Es ist ja auch schon der dritte Tag, aber er findet dann doch immer wieder weiter. Als er mir nach ca. einem Kilometer Schweiß verweist, weiß ich, er ist drauf.

Als der mich begleitende Schütze weit hinten ankommt, nütze ich die Gelegenheit und nehme Birko die Halsung ab. Er sucht allein weiter; ich bin überzeugt, dass er ohne meine Behinderung durch den Riemen die Fährte viel besser ausarbeiten wird. Als der Schütze zu mir aufschließt, erkläre ich ihm, dass mir Birko leider ausgeschlüpft sei. „Was machen wir dann ohne Hund?“, fragt der noch ziemlich unerfahrene Jungjäger. „Gar nichts“, sage ich, „wir warten, bis er wiederkommt. Liegt der Hirsch bereits verendet, dann kommt er uns holen, und wenn er nicht kommt, dann ist der Hirsch noch auf den Läufen, und wir werden“, dessen bin ich mir sicher, „bald den Standlaut hören.“

Nach einer halben Stunde, als Birko noch immer nicht da war, war ich mir sicher, dass er den Hirsch in Arbeit hat. Da wir aber keinen Laut hörten, sind wir den Berg hinauf – in der Hoffnung, irgendwo den erhofften Standlaut zu vernehmen. Es war aber nichts zu hören, kein Laut. Da wir schon in der Nähe des Bauernhauses waren, gingen wir uns erst einmal erfrischen. Ein köstliches kühles Bier, nach zwei Stunden intensiven Bergauf- und Bergabgehens, war schon etwas Herrliches. Wir versuchten die Vorstehschützen anzurufen, aber leider blieb der Empfang in der Bergwelt aus; somit hieß es warten.

Wir hatten unser Bier noch nicht zu Ende getrunken, als auf der Forststraße ein Pick-up heraufkam, hinten drauf ein Jäger, der Hirsch und mein Hund Birko. Das war ein Hallo!

„Der Schütze und der Hundeführer sitzen gemütlich beim Bier", scherzen die hoch erfreuten Vorstehschützen, die dem Hirsch den Fangschuss antrugen. Riesengroß auch die Freude beim Jungjäger, der nun endlich seinen Hirsch in Empfang nehmen durfte. Was war geschehen? Birko war der Fährte über den Bergrücken gefolgt, und auf der anderen Seite des Berges hat er den Hirsch im steilen, felsigen Gelände gestellt. Das konnten wir auf unserer Seite des Berges nicht hören. Der Vorstehschütze, der dort angestellt war, hatte aus Langweile bereits seinen Platz verlassen. Drunten im Tal stand zum Glück noch der andere Schütze; dieser hörte ca. 200 m über ihn die Bail, sah auch ab und zu das Haupt des Hirsches, konnte aber keinen Schuss anbringen. Als der junge Aufsichtsjäger des Nachbarrevieres zum zweiten Mal mit seinem Auto vorbeikam, wurde er angehalten und gebeten, hinaufzusteigen und dem Hirsch den Fangschuss anzutragen. So geschah es dann auch.

Nach dem Schuss rutschte der Hirsch hinunter bis zur Forststraße.

Der Hirsch hatte einen tiefen Vorderlaufschuss, den er vermutlich überlebt hätte. Voller Stolz durfte ich den Bruch übernehmen und an Birkos Schweißhalsung geben.

Obwohl es zu Beginn gar nicht so gut ausgesehen hatte, konnte meine Bracke einmal mehr beweisen, dass sie allein, ohne Riemen, sehr verlässlich arbeitet und angetrieben durch ihren Spurwillen, schwierigste Arbeiten zustande brachte.

Nicht nur der Hund leistete gute Arbeit, sondern auch die „Buschtrommeln". Auch ohne Telefon war in kürzester Zeit die „Stubn" voller Jäger, die alle fleißig mithalfen, den Hirsch totzutrinken. Hans, der erfahrene Schweißhundeführer, der mich angerufen hatte, lobte ohne Neid und aus ehrlicher Überzeugung immer wieder die Leistung meiner Bracke. So etwas hat schon Gewicht.

Zu guter Letzt wurde ich am Abend noch zu einer Kontrollsuche ins Nachbarrevier gerufen. Der Jagdherr hatte einen Hirsch beschossen, aber – wie sich dann zum Glück herausstellte – ganz gefehlt.

Nachsuche auf den Hirsch

Wir schreiben Anfang August. Es ist sehr heißes und trockenes Wetter, und die Rehbrunft ist im vollen Gang. Aus diesem Grunde habe ich mir heute das Mobiltelefon zur Morgenpirsch mitgenommen. Als Bereichshundeführer hat man in dieser Zeit meistens viel zu tun. Der Schuss auf einen treibenden Bock ist oft nicht immer leicht und der abgegebene Schuss verfehlt nicht selten sein Ziel.

Als ich so vor mich dahinsinniere, reißt mich auch schon der Summton meines Mobiltelefons zurück in die Wirklichkeit. Am anderen Ende ist ein guter Bekannter in der Leitung. Er schildert mir, dass er auf einen der sechs Geweihträger, als sie schon zu Holze zogen, schräg seitwärts von hinten den Schuss angetragen hat. Der Beschossene ruckte kurz und ging mit den anderen Hirschen ab. Ein paar Tropfen Schweiß seien am Anschuss zu finden gewesen, sonst nichts. „Bitte komm so rasch wie möglich, denn heute wird's noch richtig heiß!", so seine flehenden Worte. Wie recht er haben sollte …

Um 8 Uhr sind mein Sohn Walter, der den jungen Brandlrüden Basco führt, und ich mit Axl, ebenfalls ein Brandlrüde, aber schon etwas älter, beim Schützen. Der Schütze ist gleichzeitig auch der Jagdleiter dieses wunderschön gelegenen Reviers in den Voralpen. Die Bergbauern, die diese Region bewirtschaften, sind alle in der Zone 3 eingestuft und können nur unter größten Anstrengungen die steilen Wiesen und Wälder bewirtschaften.

Auch das Jagen in dieser Gegend ist sehr anstrengend. Ständig geht es steil bergauf oder bergab, gerade ist hier gar nichts.

Der Anschuss auf der Wiese liegt nur ein paar Meter vom Waldrand entfernt. Fein säuberlich verbrochen finden wir auch ein paar Schweißtropfen, aber sonst nichts. Wo der Wald beginnt, geht es wirklich sehr steil nach unten. Man kann aber im Waldboden deutlich die Fährten der flüchtigen Hirsche erkennen. Ich lege Axl zur Fährte und er sucht sehr interessiert auch gleich, der Fährte folgend, den steilen Wald hinunter.

Das ist vielleicht eine Tortur! In einer Hand den Schweißriemen, versuche ich immer wieder, mit der anderen Hand einen Baum zu erreichen, um nicht zu schnell zu werden. Erbarmungslos zieht mich Axl den Hang hinunter bis zum Bach. Dort angelangt, gönnt Axl mir eine erste Verschnaufpause. Hin und her suchend, weiß mein Rüde jetzt offenbar nicht mehr weiter. Die Hirschfährten, die deutlich zu sehen sind, untersucht er, aber keine interessiert ihn so wirklich. Nach längerem Hin und Her beschließe ich, noch einmal vom Anschuss weg anzufangen. Oben wieder angekommen, bin ich so richtig auf „Betriebstemperatur“ und habe keinen trockenen Faden mehr am Leib. „Mach du weiter!“, sage ich zu Walter und lasse mich im Schatten ins Gras fallen, Axl ebenfalls. Basco zieht ebenfalls den Hang hinunter, biegt aber, noch bevor er zum Bach hinunterkommt, nach rechts ab. Langsam und bedächtig arbeitet er jetzt quer zum Hang. Die Hirschfährte ist hier und da zu erkennen, aber nirgends findet sich auch nur ein Tropfen Schweiß.

Nach rund einer Stunde, es war inzwischen schon Mittag geworden und wir sehnten uns beide nach einem kühlen Trunk, zieht Walter nun auch seinen Rüden ergebnislos von der Fährte ab. Die Hunde samt den Führern waren körperlich geschafft, bei 30 Grad im Schatten war eine längere Pause notwendig. Wir wissen zwar nicht mehr genau, wo wir uns befinden, gehen aber in der Hoffnung, ein Bauernhaus zu finden, zielstrebig hinunter zum Bach. Am Bach angelangt, genießen wir das eiskalte Wasser und erfrischen uns.

Beide Hunde liegen flach im Wasser, sodass nur mehr der Kopf herausschaut. Auch sie genießen die Erfrischung. Nach der Abkühlung gehen wir den Bach entlang und kommen genau zu dem Bauernhaus, wo die anderen Jäger, die als Vorstehschützen abgestellt sind, schon auf uns warten. Bei einem oder zwei Bier wird die Situation besprochen; es wird erwogen, aufzuhören. Mir lassen aber die Worte des Schützen, der wirklich ein erfahrener Weidmann ist, keine Ruhe. „Der Hirsch hat“, so sagt er, „auf den Schuss hin einen Ruck gemacht.“ Demnach müsste der Hirsch die Kugel haben. Vielleicht einen Steckschuss? Und dadurch auch keinen Schweiß? Das kalte Bier weckt unsere Lebensgeister, und wir beschließen, noch einmal von vorn zu beginnen. Ein Auto bringt uns in die Nähe des Anschusses. Die Hunde sind ausgeruht, und ich setze Axl wieder zur Fährte; diesmal ohne Riemen. Vielleicht behindere ich ihn so nicht, denke ich, und er findet den Abgang. Axl sucht wieder hinunter, und da, wo Basco rechts abbog, geht auch Axl nach rechts. Wir folgen heroben den unter uns nach rechts arbeitenden Axl. Als er immer schneller wird, keimt in uns Hoffnung auf. Jetzt sind wir dort, wo Basco vormittags abgetragen wurde. Axl sucht weiter und ist bald in einem Jungmais verschwunden. Nach ein paar Minuten hören wir Axl Standlaut geben. Gewaltig hallt seine tiefe Stimme durch den Wald, als wir ein lautes Wegbrechen nach unten vernehmen und Axl sichtlaut folgt. „Das war bestimmt der kranke Hirsch“, sagte unser Jagdleiter. „Wenn ein gesundes Wild abgeht, dann brechen nicht so viele Äste.“ Wie recht er hat! Wir laufen so schnell wir können hinunter, über den Bach und auf der anderen Seite, die steil bergauf geht, ist auf einmal viel frischer Schweiß. Axl hat den kranken Hirsch also hoch gemacht. Hätten wir vormittags mit Basco noch 100 m weiter gesucht, wäre Basco auf den im Wundbett gelegenen Hirsch gekommen. Basco gibt uns deutlich zu verstehen, dass er geschnallt werden möchte. Walter nimmt ihm die Halsung ab und spurlaut jagt Basco am gegenüberliegenden

Hang steil nach oben. Ich habe nur einen Revolver für einen eventuell anfallenden Fangschuss dabei. Ein Gewehr in diesem Gelände mitzunehmen wäre viel zu störend, noch dazu, da drei Schützen im Revier verteilt sind.

Als wir nach einiger Zeit am Gegenhang beide Hunde Standlaut geben hören, atmen wir erleichtert auf. „Jetzt gehört er uns“, sagt Walter, „weil denen zwei kommt keiner mehr aus.“ Bei einer Nachsuche auf ein Hirschtier stellen beide ebenfalls das Tier. Als wir scheinbar zu lange brauchen, um nachzukommen, ziehen sie das Tier einfach nieder. Ich gebe Walter den Revolver mit den Worten: „Lauf hinauf, möglicherweise kannst was ausrichten!“ Ich eile, so schnell ich eben kann, nach. Ein Stück ober dem Bach beginnt ein steiler Schlag; rechts ist ein Jungmais, links davon ein Fichten-Hochholz. Walter ist schon auf der Schlag-Mitte oben, dort, wo links aus dem Jungmais der Standlaut herausklingt. Das dann folgende werde ich mein Leben lang nicht vergessen! Beide Bracken kommen retour aus dem Jungmais heraus, voll Laut gebend, herausgetrieben von dem Hirsch, der mit gesenktem Haupt folgt, und zwar genau auf Walter zu. So ca. 7–8 m vor Walter wirft der Hirsch auf und blickt mit weit aufgerissenen Lichtern und erhobenen Hauptes auf Walter. Dieser reißt den Revolver hoch und setzt dem Hirsch drei Schüsse auf den Stich. Auf der Hinterhand hochsteigend, wendet der Hirsch und geht flüchtig wieder in den Jungmais, gefolgt von den beiden Bracken. Nach ca. 200 m erklingt wieder Standlaut. Ich bin mittlerweile auch schon oben bei Walter, der am ganzen Körper zittert. „Nur keine Hast … warten wir auf ein Gewehr“, beruhigen wir uns gegenseitig. „Die Hunde lassen ihn sicher nicht mehr aus.“

Wenn man wartet, empfindet man zehn Minuten fast wie eine Stunde. Als wir Franz, den Jungjäger, angelockt durch die drei Schüsse, herbeieilen sehen, wird uns leichter. Vorsichtig gehen wir die Bail an. Wieder ein Bild für Götter: Die beiden Bracken umkreisen den Hirsch lautstark. Der Hirsch versucht mit gesenktem Geweih die Hunde abzuwehren. Ein gezielter Schuss aufs Blatt mit der 7/64 solle die Bail beenden. Der Beschossene himmelt wie ein Lipizzaner und geht abermals in voller Flucht ab, die Hunde hinterher. Das gibt es doch gar nicht! Verdutzt schauen wir uns an. Ich habe den Einschuss am Blatt und den Austritt der Dampfwolke genau gesehen; es ist unglaublich! Während wir so rätseln, ertönt wieder Standlaut unter uns. Jetzt lassen wir uns Zeit, nur ganz langsam und vorsichtig nähern wir uns abermals der Bail. Der Anblick, der sich uns jetzt bietet, lässt mir das Wasser in die Augen steigen. Auf einem Felsen liegt der Hirsch, mit erhobenem Haupt versucht er noch im Liegen, die Hunde abzuwehren. Walter gibt mir den Revolver und sagt: „Mach Schluss!“ Ohne dass mich der Todkranke wahrnimmt, kann ich ihn mit einem Genickschuss erlösen …

Tief ergriffen standen wir wortlos vor dem „ König der Wälder“ und Freude und Wehmut kämpften in unserem Inneren. Erst nach der „roten Arbeit“ löste sich unsere Verkrampfung und die Freude

Nur nicht aufgeben!

über den zustande gebrachten Hirsch brach dann so richtig aus uns heraus. Ein eigenartiges Gefühl!

Der Jagdleiter wiederholte immer wieder: „Na, das ma den kriagt hom!“ und streichelte die Hunde. Die genaue Untersuchung ergab, dass der erste Schuss schräg von hinten auf das Schulterblatt ging, von diesem abgeleitet wurde und, ohne die Kammer zu verletzen, vorn einen kleinen Ausschuss verursachte – also ein reiner Wildbretschuss. Walters drei Revolverschüsse waren in die Lunge eingedrungen, der Blattschuss aus der 7/64 war ein paar Zentimeter zu hoch. Dieser hatte das Herz nicht verletzt, aber die Lunge schwer beschädigt. Der Hirsch wäre daran wohl verendet. Mein Genickschuss hatte die Sache nur verkürzt. Es ist schon unglaublich, wie hart angeschossenes Wild sein kann. Der Hirsch war ein klassischer Abschusshirsch der Klasse II und wog ohne Haupt 170 kg. Das ist für einen Berghirsch extrem stark. Die Hirschfeier gestaltete sich dementsprechend. Immer wieder wurden die unglaublichen Details besprochen. Der Jagdleiter wiederholte immer wieder: „Also wenn ihr nicht gewesen wärt, hätten wir zu Mittag aufgehört.“ Ich erklärte ihm lachend: „Bei der Jagd musst du sein wie bei den Mädchen. Wandst ned nachgibst, holt a Schöne a stad.“ Weidmannsheil!

Jagdverstand?

Unter diesem Titel möchte ich einige Jagderlebnisse mit unseren Bracken schildern, die wirklich zu denken geben!

Am 4. 10. 2014 war meine Frau Margarete mit unserer Brandl-Hündin „Asra vom Kirchbichl“ bei einer Bewegungsjagd im Einsatz. Asra war damals 7 Jahre alt:

Asra jagt brav, kommt aber immer wieder zurück zum Führer. Mitten im Trieb kommt ein 20 Kopf starkes Kahlwild-Rudel im Hochholz den Hang herauf und geht in leichtem Troll auf ca. 10 Meter bei Margarete vorbei. Asra, die frei hinten nachkommt, ignoriert dieses Rudel total und lässt es ohne anjagen vorbeiziehen.

Aber sie verhofft unentwegt in die Richtung, von wo das Rudel kam. Als auf rund 200 m ein Hirschtier, das dem Rudel nacheilt, zu sehen ist, jagt Asra den Hang hinunter und stellt dieses Tier. Margarete und ein Wachtelführer, der der dabei war, wundern sich, dass sich ein offensichtliches gesundes Tier stellt. Während die beiden überlegen, was zu tun sei (beide führen keine Schusswaffe), geht Asra dem Hirschtier an die Drossel und zieht es nieder. Ziemlich überrascht eilen die beiden Asra zu Hilfe und können das Tier, welches von Asra kompromisslos gebunden wird, mit dem Hirschfänger abfangen.

Eine genauere Untersuchung ergab, dass das Hirschtier einen Weichschuss hatte.

Aber warum wusste Asra, dass dem Rudel ein krankes Stück nachfolgen wird und warum zog sie das Tier nieder? Asra hatte schon viele Tiere gestellt, bis diese mit einem Fangschuss gestreckt wurden. Hatte sie gemerkt, dass beide Hundeführer keine Schusswaffen mitführten? Fragen, die einen beschäftigen, aber nicht zu beantworten sind, darum reihe ich solche Erlebnisse unter „Jagdverstand"!

Ähnliches erlebte ich einige Wochen später mit Ben und Basil:

Ben vom Brandlkreuz ist der Brandlrüde von meinem Sohn und Basil vom Teufelgraben ist der Brandlrüde von meinem Enkel Gerhard. Da beide Hundeführer an diesem Tag verhindert sind, darf ich die beiden Rüden auf der Bewegungsjagd führen. Ich bin schon neugierig, wie Basil arbeitet, er war ja die letzten 3 Wochen im „Krankenstand", den ihm ein Keiler verpasst hatte.

Voller Tatendrang kann Basil aus einem 70-köpfigen Rotwildrudel einen Spießerhirsch herauslösen, den er mit Passion eine halbe Stunde lang jagt. Zweimal bringt er den Spießer vorbei, da wir ihn aber als „gesund" ansprechen, bleibt dieser unbeschossen. Mich wundert nur, dass Basil so lange dranbleibt. Als wir nach längerer Zeit den Bergrücken überqueren, hören wir vom Tal herauf Standlaut. So rasch ich kann, eile ich der Bail entgegen, denn ich weiß, da ruft Basil nach mir. Und dann sehe ich die beiden: Der Spießer steht total erschöpft im knietiefen Wasser und wehrt müde die heftigen Angriffe von Basil ab, bis ich ihn mit einem Fangschuss erlösen kann.

Bei genauer Untersuchung kann ich eine alte Schussverletzung am rechten Hinterlauf finden, aus der etwas Eiter herauskam. Das also ist der Grund, warum Basil nicht lockergelassen hat!

So viel Jagdverstand von einem jungen Rüden, da kommt bei mir Freude auf, denn Asra ist die Mutter von Basil. Wie sagt man so schön: „Der Apfel fällt nicht weit vom Stamm".

Am selben Jagdtag stellen Ben und Basil gemeinsam noch ein krankes Hirschkalb, welches beide beim Versuch, die Bail zu brechen, niederziehen und abtun.

Erstaunliches schafft auch Ben an diesem erlebnisreichen Jagdtag. Als wir nach dem Trieb zu unseren Autos gehen, haut Ben auf einmal ab. Ich ärgere mich darüber, weil wir schon zum Sammelplatz sollen, da ertönt aus der Ferne Standlaut von Ben. Also nehme ich meine Büchse wieder aus dem Auto und gehe die Bail, die in ca. 700 Metern zu hören ist, an. Es ist ein ebenes Hochmoor mit bauchhohem Schilfgras und ab und zu kleinen Strauchgruppen.

Auf ca. 100 Meter kann ich dann das Haupt und den Träger eines Hirschtieres sehen, das mich schon bemerkt hat. An einen Fangschuss ist aber nicht zu denken, erstens sehe ich in dem hohen Gras nichts von Ben, und es ist auch kein Kugelfang vorhanden. Langsam nähere ich mich der Bail.

Als ich auf ca. 20 Meter heran bin, versucht das Tier auszubrechen, aber Ben lässt dem Hirschtier keine Chance. Beherzt geht er an die Drossel und zieht das Tier nieder. Geschickt den Attacken der Vorderläufe ausweichend, bindet er das Tier an Ort und Stelle, damit ich den Fang setzen kann. Ich bin sehr überrascht, dass Ben das Tier niederziehen kann.

Rehe hat er schon viele gefangen, aber es war sein erstes Tier, das er gebunden hat, obwohl es nur einen tiefen Hinterlaufschuss hatte.

Auch hier drängt sich die Frage auf: Hat er es getan, weil ich nicht geschossen habe? Wie wusste er, dass auf 700 Meter Entfernung ein krankes Stück ist? Die Wundfährte kam aus der entgegengesetzten Richtung. Vielleicht mit der hohen Nase? Ich habe keine Ahnung, aber ich weiß, dass unsere Bracken sehr viel Jagdverstand haben, und an Wildschärfe fehlt es sicher auch nicht. Darum ist es schön, mit solchen Hunden zu jagen!

Abstehen von der Schweißfährte

Erfahrene Hunde, egal welcher Rase, können, wenn sie sehr viel jagdliche Erfahrung gesammelt haben und viele Nachsuchen absolviert haben, auf der Wundfährte erkennen, ob das beschossene Stück zu bekommen ist oder nicht.

So wie die frei lebenden Beutegreifer vergeuden sie nicht unnötig Energie und Zeit, eine Beute zu jagen, wenn die Aussicht auf Erfolg gleich Null ist.

Bei den Wildtieren ist das überlebenswichtig.

Verschwendet zum Beispiel der Wolf zu viel Energie, so kann das sein Todesurteil sein. Er weiß – aus Erfahrung – wenn es Zeit, ist die chancenlose Jagd abzubrechen und sich die Kräfte aufzuheben für das nächste Beutetier.

Auch unsere Hunde machen das, vorausgesetzt, dass sie auch viel Erfahrung haben. Bei meinen Bracken konnte ich dieses Verhalten meistens ab dem sechsten beziehungsweise siebenten Behang feststellen.

Es ist aber oft gar nicht leicht, das Verhalten richtig zu lesen oder zu verstehen.

Bei einer Nachsuche auf eine Rehgeiß hörte Axl nach 400 m fester Riemenarbeit auf zu arbeiten, obwohl im Schnee die Wundfährte und unserer Meinung nach auch noch viel Schweiß zu sehen war, verweigerte er trotzdem die Verfolgung des Stückes.

Axl setzte sich demonstrativ in den Schnee und war nicht mehr zum Weitersuchen zu bewegen.

Als ich ihm die Halsung abnahm, ging er schnurstracks zum Auto.

Der Schütze, der fest überzeugt war, dass das Stück nach einigen Metern mausetot liegen müsste, war sehr enttäuscht von meinem Hund.

Ich war mir auch nicht ganz sicher, da es bei Axl zum ersten Mal war, dass er auf der Fährte abstand.

Ich wusste aber von meinen Bracken, die ich vor Axl führte, von diesem Vorhaben.

Der Schütze holte sich noch ein anderes Nachsuchengespann das aber auch erfolglos abbrechen musste.

Nach 2 Wochen wurde dann diese Rehgeiß erlegt. Nach genauerem Untersuchen konnten wir feststellen, dass der erste Schuss ein Streifschuss am unteren Brustkorb war, wo wirklich nur die Decke aufgeritzt war.

Also eine Verletzung, die für das Stück ungefährlich war und für die Hunde unmöglich zu kriegen.
Gott sei dank konnte sich der Schütze selber davon überzeugen, dass Axl richtig gehandelt hat.

Solche Situationen erlebt man mit älteren Hunden dann öfter, speziell wenn auch sogenannte Kontrollsuchen durchgeführt werden.

Nicht verwechseln darf man aber, wenn ein Hund nicht mehr weiter findet, aus welchen Grund auch immer.

Wenn ein Hund an seiner Leistungsgrenze angelangt ist, so zeigt sich, dass er versuchen wird, auf der Fährte weiterzukommen. Wiederholtes Zurückgreifen und alle Verleitfährten absuchen zeigt dem Hundeführer schon an, dass sein Hund Probleme hat.

Oft kann man diesen „ Knoten“ durch viel Unterstützung und Motivation gemeinsam lösen.

Aber dann und wann wird man auch abbrechen müssen. Wichtig ist, solche Situationen zu erkennen, den Hund nicht zu schimpfen und einen geordneten Rückzug anzutreten.
Jedes Lebewesen stößt irgendwo einmal an Grenzen, unsere Hunde sind keine Maschinen und nicht alle Stücke kann man bekommen.

Wichtig ist es aber, zuzugeben, wenn man nicht weiterkommt; dann sollte man unbedingt ein anderes Nachsuchengespann herbeirufen, um die Suche weiterzuführen, das sind wir der leidenden Kreatur schuldig.

Steht ein Hund von einer Schweißfährte ab, weil das Stück nicht zu bekommen ist, dann geschieht das meistens sehr abrupt, ohne faseln, rückzuführen darauf, dass der Hund die Aussichtslosigkeit erkannt hat.

Eine Wundfährte setzt sich ja aus mehreren Faktoren zusammen. Erhält ein Stück Wild die Kugel, dann hat man am Anschuss Schweiß, Wildbretteilchen, Schnitthaare, Darminhalt, mit den Schalen wird eine Bodenverwundung hergestellt und es gibt einen massiven Adrenalinausstoß des Stückes.

All diese Faktoren ergeben den individuellen Geruch einer Wundfährte.

Ist das beschossene Stück aber nicht lebensgefährlich verletzt, so hört dieser Adrenalinausstoß nach geraumer Zeit auf. Das ist dann für den erfahrenen Schweißhund oft das Zeichen, dass das Stück nicht zu bekommen ist und er wird von der Fährte abstehen.

Für den Hundeführer leider nicht zu erkennen, muss er wohl hinnehmen, was sein Hund entschieden hat. Kennt man aber seinen Hund, wird man dieses Verhalten lesen und verstehen können.

Sehr kritisch werden solche Entscheidungen beurteilt, wenn es sich um „Kapitale“ handelt.

So wurde ich von einem jungen Förster ersucht, einen sehr guten Einser-Hirsch nachzusuchen (über 200 Punkte).

Der Hirsch wurde am frühen Morgen auf eine sehr weite Schussdistanz von einem älteren Jäger beschossen. Beide, also der Schütze sowie auch der Förster, waren sich sicher, dass der Hirsch die Kugel am Blatt hat. Auf den Schuss zeichnete der Hirsch deutlich und flüchtete steil bergab, wo man schon ein Torkeln zu sehen glaubte.

Am Anschuss war auch Schweiß und auch in der Fluchtfährte waren ab und zu Schweißspritzer zu finden. Der junge Förster suchte mit seinem noch jungen Hund nach, konnte aber nichts finden. Ich setzte um 11 Uhr vormittags meinen Steirischen Rauhaarrüden Dux zur Fährte.

Dux nahm sehr interessiert die Fährte an, welche steil bergab führte. Nach ca. 100 m machte die Fährte eine Kehrtwende und ging im Holz steil bergauf, nach ca. 200 m bergauf kamen wir auf einen Forstweg, hier war wieder Schweiß zu sehen, was bestätigte, dass Dux richtig war.

Dux aber hörte hier am Forstweg auf. Völlig desinteressiert setzte er sich hin und schaute uns fragend an und war nicht mehr zu überreden weiterzuarbeiten.

Mir war dieses Verhalten völlig klar. Dux hatte festgestellt, dass dieser Hirsch nicht zu kriegen war.

Der junge Förster war verzweifelt, der Schütze empört und der

Nur ein Kratzer

Forstmeister stinksauer, sah er doch die sehr hohe Abschussprämie davonschwimmen.

Bei einem Krügerl Bier versuchte ich dem Förster beizubringen, dass Dux recht hat. Nach längerer Überredungsarbeit versprach mir der Förster, verstärkt nachzusehen, ob der Hirsch wieder auftaucht.

Nach 14 Tagen durfte ich dabei sein, als wir den Hirsch „totverblasen“ konnten.

An derselben Stelle konnte derselbe Jäger den wirklich kapitalen Hirsch mit einem sauberen Schuss erlegen.

Deutlich konnten wir den ersten Schuss, welcher vorne am Brustspitz die Decke aufgeritzt hatte, feststellen.

Das Zeichnen des Hirsches dürfte durch das extrem steile Gelände etwas überbewertet worden sein, zum Glück konnte er aber doch noch erlegt werden.

Für mich und Dux war das auch besonders wichtig, da unser Ruf

Der Kapitale – nach 14 Tagen doch noch erlegt!

wiederhergestellt wurde. Der Forstmeister und der Schütze entschuldigten sich und bewunderten die Nasenleistung und vor allem den Jagdverstand von Dux.

Nicht auszudenken, hätte man den Hirsch irgendwo verludert aufgefunden, was ja auch passieren hätte können.

Niemand ist unfehlbar.

Ist das Nachsuchengespann aber gut zusammengearbeitet, (darum leihen Sie nie Ihren Hund aus) und kann man den Hund gut lesen, sind solche Begebenheiten ein sehr schöner Lohn harter Vorarbeit.

Brackenheil!

Nachsuche auf Schwarzwild

Hundeführer, was willst du mehr?! Nachsuche im Mais-Dschungel!

Samstagnachmittage wie diese sind eher selten: Ich habe nämlich alle Arbeiten erledigt und sitze gemütlich in meiner Jagdstube beim Kachelofen und lese. Dux hat seinen Kopf auf meinem Oberschenkel liegen und tut so, als ob er mitlesen würde. Draußen herrscht stürmisches, nasskaltes Regenwetter; umso mehr genieße ich die wohltuende Wärme. Solche Stunden sind viel zu selten, denke ich mir, als das Telefon die gemütliche Atmosphäre jäh unterbricht. Ein Bekannter ruft von einem Hochsitz aus an, er hat eine Sau beschossen. Die ist in ein großes Maisfeld eingewechselt, und er braucht einen Hund. Bei diesem Sauwetter nachsuchen und noch dazu in drei Meter hohem Mais mit Sichtweite Null auf eine grobe Sau. Dazu wird es in zwei Stunden finster sein. Schöne Aussichten!

Ich versuche noch rasch, einen zweiten Hund zu organisieren – ohne Erfolg. Also muss meine Frau mit. Zu zweit sind die Erfolgsaussichten schon um einiges höher. Schnell sind wir im Revier angelangt, wo Josef der Schütze schon wartet. Sechs Überläufer sind von einem Maisfeld über eine schmale Wiese in das danebenstehende Maisfeld gewechselt. Den letzten hat er beschossen. Den Schusszeichen nach hat die Sau den Schuss hinten drauf. Viel Schweiß am Anschuss und Wildbretteile bestätigen ebenfalls den Sitz der Kugel.

Jetzt heißt es handeln, denn es wird rasch dunkel bei diesem Sauwetter. Josef setzt sich wieder auf die Kanzel. Meine Frau geht auf die gegenüberliegende Seite des Maisfeldes, das ca. 600 m lang und 100 m breit ist. Die Sau wird dieses große Feld vermutlich nicht verlassen, also heißt es hinein in die „gute Stube“. Meine Frau soll nur dann, wenn sich die Sau am anderen Ende des Feldes stellt, hineingehen und den Fangschuss geben.

Als alle bereit sind, schnalle ich Dux am Anschuss. Im Mais kann man nicht mit dem Schweißriemen arbeiten, man würde den Hund nur behindern. Außerdem weiß Dux, was zu tun ist. Es dauert auch gar nicht lang, da ertönt schon der tiefe, weithin hörbare, beim Schwarzwild extrem zornig klingende Spurlaut. Die Jagd bewegt sich in Richtung Grete (meiner Frau) zu und wechselt dann fast am Ende des Feldes auf Standlaut. Somit hat sich die Sau gestellt! Grete ruft mich an und frägt, was sie tun soll. Ich weise sie an, die Sau langsam und mit äußerster Vorsicht anzugehen. „Pass aber bitte auf!“, sage ich mit banger Stimme.

Es ist immer wieder eine Herausforderung, eine starke Sau, die krank ist – wie krank, weiß man leider nie genau – im Mais anzugehen. Schon öfter mussten wir uns mit einem Sprung zur Seite retten. Das Wichtigste dabei ist ein verlässlicher Hund! Auf Dux ist in einem derartigen Fall hundertprozentig Verlass. Wenn er merkt, dass wir kommen, werden seine Attacken immer heftiger und so beschäftigt er das gestellte Wild so sehr, dass man es angehen kann. Auch jetzt höre ich, wie Dux den Standlaut steigert. Mit anderen Worten: Grete nähert sich bereits der Sau. Auf einmal bricht die Bail, und der Spurlaut kommt wieder in meine Richtung. Ich stehe mitten im Maisdschungel, die Schrotflinte schussbereit, und warte. Der Puls steigt und steigt, als sich der Schwarzkittel ganz in meiner Nähe wieder stellt. Dux stellt extrem zornig; er spürt, dass ich in der Nähe bin, aber ich sehe nichts. Auf den Knien rutschend, da sieht man nämlich unter den Blättern durch, kann ich mich auf ca. 7–8 m nähern. Jetzt kann ich die Konturen erkennen. Die Sau steht von mir weg – ich kann also nicht schießen oder nur hinten drauf. Das tue ich aber nicht. Also warten, bis sie sich nachdreht. Das Herz hämmert schon im Hals heroben, und es dauert eine Ewigkeit, bis sich das wehrhafte Wild nachdreht. Endlich ein Fahrer in Richtung Dux! Dux weicht zurück – rums! Die Brenneke fährt dem Überläufer aufs Teller. Wie vom Blitz getroffen wirft es die Sau in den Mais. Ich knie im Dreck, zittere so sehr, dass ich kaum aufstehen kann. Die Flinte noch immer im Anschlag, denn man weiß ja nie. Aber als Dux die Sau rupft und reißt und sich so richtig abkühlt an ihr, stelle ich die Waffe nieder. Da scheppert auch schon (wie unromantisch) das Mobiltelefon.

Meine besorgte Frau ist am anderen Ende, und ich kann ihr sagen, das alles in Ordnung ist. „Hab' ich mir gedacht", sagt sie, „weil's nach dem Schuss ruhig war. Ich komme und helfe dir beim Bergen." Brav ist sie, meine Grete, und echter Verlass auf sie! Ich weiß, dass sie auch gern den Fangschuss gegeben hätte – das aber kann man sich nicht aussuchen. Erst jetzt erhebe ich mich von den Knien und gehe zu Dux und seiner Sau. Es ist ein starker Überläuferkeiler, mit ca. 70 kg aufgebrochen. Der erste

Nachsuchen im Mais – keine leichte Aufgabe, …

Schuss war, wie vermutet, hinten am Becken; mein Fangschuss hinter dem Teller. Ich orientiere mich und gehe entlang der Maisreihen in Richtung Feldrand. Dort warten bereits meine Frau und Josef. Freudig und stolz trinken wir aus dem Flachmann ein Weidmannsheil. Erst jetzt merke ich, wie nass und dreckig ich bin, aber glücklich, das Leiden beendet zu haben.

Die Bergung auf dem rutschigen Ackerboden wird zu einer richtigen Schlammpartie. Als der Überläufer auf dem Autoanhänger droben ist, setzen wir uns auch gleich dazu, denn ins Auto können wir, so wie wir aussehen, nicht einsteigen. Das holen wir später. Es dauert dann auch noch eine ganze Weile, bis das Wild versorgt und wir umgezogen und geduscht sind. Umso größer aber ist dann der Appetit, und es wird noch lange gejausnet und noch länger totgetrunken und immer wieder erzählt, wie's war.

Dux liegt abfrottiert auf seinem Lammfell beim Kachelofen und knurrt im Schlaf zeitweise vermutlich noch immer die Sau

... aber mit einem verlässlichen Partner gelingt es!

an. Wieder einmal war er es, der diese Nachsuche durch sein selbstständiges Arbeiten, seine wohldosierte Härte und seinen herrlichen Brackenlaut zum Erfolg gebracht hat.

Bewegungsjagd

… ist ein heißes Thema, über das viel geredet wird; oft positiv, häufig aber auch negativ, und zwar meistens von denen, die noch nie dabei waren.

Ich möchte von einer Einladung eines Brackenkollegen berichten. Die Einladung wurde per Telefon ausgesprochen. Es war Mitte Dezember; es sollte eine Bewegungsjagd auf Schwarzwild ohne Treiber und nur mit Hunden veranstaltet werden. Wir Hundeführer hätten freie Büchse, Verpflegung, Jagdkarten etc. – und das beim „Esterhazy“ (einem der größten Forstbetriebe in Österreich). Natürlich sagten wir zu.

Am Vortag herrschte bei uns Schneechaos. Doch am Telefon wird mir bestätigt: „Die Jagd wird abgehalten.“ Am folgenden Tag heißt es um 4 Uhr in der Frühe aufstehen, Hunde versorgen; um 5 Uhr ist Abfahrt, über 200 km – und es schneit und schneit … Auf der Autobahn 10 cm Schnee, die Abfahrt Aland ist gesperrt. Wir müssen durch Wien, d. h. Verspätung, aber wir kommen gerade noch rechtzeitig an. Was uns dort erwartet, übertrifft unsere Vorstellungen: 50 Hundeführer, am häufigsten Wachteln und Terrier, dazu wir acht Brackenleute! Insgesamt handelt es sich um über 100 Schützen.

Eine perfekte Organisation verhindert das erwartete Durcheinander und alsbald sind wir im Revier. Es wird nur ein Trieb von 9 bis 12:30 Uhr durchgeführt, dabei werden über 1.000 ha auf einmal bejagt.

Unsere Gruppe wird angeführt von Dr. H., dem ehemaligen Präsidenten des ÖJGV und Pächter des Reviers. Er ist schon sehr auf die Arbeit der Bracken gespannt und gibt eine kurze Einweisung. Wir Hundeführer stehen natürlich immer in oder an den Dickungen, in denen das Wild seinen Einstand hat, d. h. das Schussfeld beträgt maximal 30 m. Um 9 Uhr heißt es dann „die Hunde schnallen". Es dauert gar nicht lange, da hört man schon die Hunde hell jauchzend durch den winterlichen Wald jagen; und es fallen auch schon die ersten Schüsse. Da höre ich auch schon den rauen Ton meines „Rauen", Dux vom Lonitzberg. Ganz nah kommt ein Waldhase weit vor Dux bei mir vorbei, aber leider nicht frei. Nach längerer Zeit höre ich wieder Dux, aber zornig; also ist er auf Schwarzwild. Er kommt immer näher, ich stehe mit dem Gewehr im Anschlag und lausche, was da kommt.

Auf einmal sind da: Vier, nein fünf Sauen – aber so im Dickicht, dass ich nicht schießen kann! Kurz darauf kracht es beim Nachbarn. Na also! Es dauert nicht lang, da höre ich ihn schon heranschnaufen. Dux setzt sich zu mir und macht eine Pause. Ich auch, ein gemeinsames Jausenbrot, und die Jagdlust ist wieder da.

Es bedarf nur einen „Deut" mit dem Kopf und Dux ist wieder weg. Kurz darauf höre ich Basco (die Brandl meines Sohnes Walter) ganz in der Nähe; Standlaut – oder? Da ist auch schon die Stimme von Dux dabei. Diese zwei, die bestens zusammenarbeiten, stellen keine 200 m unter mir der Stimme nach eine Sau, und ich darf meinen Stand nicht verlassen! Eine Stunde lang geht es jetzt schon so, die Sau muss groß sein – sonst hätten die Hunde sie schon gegriffen.

Ich möchte mit dem Gruppenleiter telefonieren, habe aber keinen Empfang. Ich rufe Martin an, bei dem klappt es. Dr. H. glaubt zuerst, die Hunde stellen ein gesundes Stück, lässt sich dann aber überzeugen und geht die Bail an. Gott sei Dank! Je länger das Stellen dauert, umso müder und unkonzentrierter werden die Hunde und die Verletzungsgefahr steigt.

Auf einmal Hatz! Hinüber auf den Gegenhang. Im lichten Eichenbestand kann ich zuschauen, wie die Hunde arbeiten. Wahnsinn! Eine riesige Sau, kohlrabenschwarz im weißen

Schnee! Und die zwei stellen und packen hinten an, wenn sie weg will. Die Sau dreht und beide sind 3 m weg. So geht es ununterbrochen.

Endlich sehe ich schon den Schützen. Langsam pirscht er näher, schießt – daneben! Wieder flüchtet die Sau ca. 100 m den Berg hinauf. Dann wieder das Gleiche, die Hunde stellen abermals den verletzten Schwarzkittel, wieder pirscht Dr. H. langsam näher und schießt abermals (vermutlich daneben). Wieder geht es weiter den Berg hinauf, über den Bergrücken hinüber, weg sind sie. Ich sehe nichts, ich höre nichts. Bangen, gespanntes Warten. Endlich! Um 12:30 Uhr ist die Jagd beendet. Wir dürfen unseren Stand Richtung Sammelplatz verlassen. Kurz davor hören wir Standlaut drüben bei Martin, dann ein Schuss! Ich bin gespannt, was das war. Bevor ich am Sammelplatz ankomme, ist Dux da. Ich lieble ihn ab und untersuche ihn. Keine Verletzungen, Gott sei Dank! Letztes Mal war das anders.

Am Sammelplatz trifft Walter mit Basco ein. Basco hat einen 10 cm langen Schmiss am Schulterblatt, aber nur bis zur Haut. Glück gehabt, er schont zwar, aber es geht.

Da kommt Martin mit Baron daher, er zittert am ganzen Leib. Was ist los? Sein junger Brandlrüde hat keine 10 m vor ihm in der Dickung Standlaut gegeben. Als Martin nachschaut, nimmt die Sau überraschend an. Der Schuss aus der Hüfte heraus lässt die Sau 2 m vor ihm verenden. Eine Bache, aufgebrochen 100 kg – das war knapp!

Auch unser Kollege Johannes Wurm, der mit zwei Bracken dabei ist, kommt zum Schuss, aber anstatt ins „Schwarze“ trifft er ins „Weiße“. Eine Birke hat die Kugel auf dem Weg zur Sau aufgehalten …

Dann trifft Dr. H. ein. Er berichtet, wie schneidig die beiden Bracken die Sau über zwei Stunden gehalten hätten und dass er zweimal geschossen habe; die Sau aber ins Nachbarrevier ausgewechselt sei.

Wir fahren zum Jagdhaus. Dort gibt es Mittagessen. Es herrscht ein reges Treiben. Jeder erzählt, und immer wieder hört man: „Die Bracken sind gut!“ Das tut gut.

Um 15 Uhr ist es endlich so weit. Die Nachbarn sind verständigt. Wir gehen Nachsuchen. Die Frage, ob die Hunde noch imstande sind, nachzusuchen, wird von Walter sehr bestimmt beantwortet: „Die Sau, die Basco verletzt hat, muss her, und zwar von uns.“ Es dauert gar nicht lange, da haben wir die Schweißfährte gefunden. Direkt im Tritt ist Schweiß; nicht viel, aber es reicht. Da wir fast immer zu zweit nachsuchen, sind unsere Hunde sehr gut zusammengespielt. Herrlich! Basco sucht frei. Ich gehe mit Dux am Riemen nach. So wissen wir, wo es langgeht. Basco gibt kurz Standlaut und kommt zurück, um uns zu holen. Wir kennen dieses Verhalten. Wenn er Hilfe braucht, holt er uns. Es ist nicht weit. Ich schnalle Dux, beide geben Standlaut. Wir haben die Hunde vor uns und sehen, wie sie vor einer umgestürzten Eiche Standlaut geben. Wir nähern uns mit der Waffe im Anschlag, als plötzlich das Schwarzwild die Deckung verlässt, dicht verfolgt von unseren beiden Hunden. Einen Schuss anzubringen wäre in dieser Situation viel zu gefährlich. Nach einiger Zeit ertönt unten im Graben wieder Standlaut, wir ziehen nach. Jetzt heißt es handeln, doch es ist unmöglich, auch in diesem Stangenholz einen Schuss anzubringen. Also näher heran. Die Hunde werden immer heftiger, greifen, werden abgeschüttelt. Jetzt nimmt sie uns an, auf 10 m wird die Sau von der 9,3 gestoppt … Walter hat ihr im vollen Lauf den Schuss auf's Teller gesetzt. Schießen kann er, der Bua! Stolz und voller Freude werden die Hunde abgeliebelt. Harte Burschen sind sie, obwohl sie so sanft und gutmütig sind. Inzwischen ist Dr. H., der am Wechsel gestanden ist, herbeigeeilt. Die Sau wird genau untersucht. Der erste Schuss hat den Hinterlauf, unten bei den Afterklauen, zertrümmert, einer der versuchten Fangschüsse saß weich.

Bewundernd streichelt er unsere Bracken und sagt: „Ich habe in den 40 Jahren, in denen ich als Leistungsrichter tätig war, viele

Hunde arbeiten gesehen. Aber das war schon vom Feinsten … Alle Achtung!" Für uns ist das ein sehr gewichtiges Lob.

Nach der schweißtreibenden Bringung (immerhin hatte die Bache 82 kg aufgebrochen) ging es ab zum Streckenlegen. Bei heftigem Schneetreiben zwischen wärmenden Lagerfeuern wurde die Strecke von 32 Sauen, 4 Stück Hochwild und 5 Füchsen gelegt und verblasen.

Zufrieden über den Ablauf dieser ersten Bewegungsjagd nur mit Hunden (ohne Treiber), bedankte sich die Jagdleitung für unseren Einsatz. Beim anschließenden Umtrunk wurde dann noch viel gesprochen; in einem aber waren sich alle einig: „Am schönsten ist es, mit lauten Hunden zu jagen!"

Die Heimfahrt bei starkem Schneetreiben und über zwei Stunden Schneefahrbahn auf der Autobahn war auch nicht gerade lustig. Bei uns zu Hause, in Feichsen, bei einem Glas'l Tee

Einsatzbereite Brackenführer

dauerte die „Nachbesprechung“ dann noch etwas länger. Wir sitzen gemütlich zusammen und diskutieren: „Warum machen wir das eigentlich? Ist es die Freude an der Jagd oder die Freude unseren Hunden beim Jagen zuzusehen (oft dürfen wir ja nicht schießen)? Ist es Ehrgeiz oder die Suche nach Anerkennung? Zahlt sich denn das Risiko aus? Unsere Hunde könnten doch von der Sau geschlagen oder von einer verirrten Kugel getroffen oder von einem Auto zusammengefahren werden?“

Lange noch dauert unser Fachgesimpel. Am Ende aber sind wir uns einig: Es war ein schöner Tag mit guten Freunden bei einer unserer Lieblingsbeschäftigungen. Die Hunde und wir haben wieder etwas gelernt, und eine Werbung für unsere Hunde war es allemal!

Bewegungsjagd am Truppenübungsplatz

Es ist Samstag, 5 Uhr früh. Unbarmherzig gibt der Wecker seinen grässlichen Laut von sich. Meine Frau meint grantig: „Ein bisschen dumm sind wir beide schon. Nur damit die Hunde Arbeit haben, müssen wir an einem Samstag schon so früh aus den Federn, und dabei dürfen wir selbst gar nichts schießen. Nur damit ein paar Jäger etwas vor die Büchse bekommen, ich pfeif drauf, mein nächster Hund ist mit Sicherheit kein Jagdhund.“

Eine Stunde später, bei der Anfahrt mit dem Auto, hört sich das schon ganz anders an. „Neugierig bin ich“, sagt meine Frau, „wie die drei heute jagen.“ Mit „die drei“ meint sie unsere 5-jährige Brandlhündin Asra, deren 2-jährigen Sohn Basil (der meinem Enkel gehört), der voller Tatendrang und Energie ist, und Ben, den erfahrenen, 10-jährigen Brandlrüden meines Sohnes. Beide haben heute keine Zeit zum Jagen, also führen wir heute drei Brandlbracken.

Im Gutshof angekommen, drängen sich Jäger, Treiber, Jagdhornbläser und 15 Hundeführer aneinander vorbei, und so mancher Jagdstiefel wird von den erregten Rüden markiert. Endlich ist es dann so weit, Begrüßung, Einteilung etc. sind vorbei, und es geht ab ins Revier.

Wir Hundeführer sind in kleine Gruppen eingeteilt. In meiner Gruppe ist ein revierkundiger Förster mit einer erfahrenen Wachtel. Ich führe Ben und Basil. Meine Frau Margarete ist in einer anderen Gruppe mit Asra unterwegs.

Zu Beginn des Triebes werden Basil und die Wachtel geschnallt, beide sind „Weite“ (weitjagende Hunde). Ben, der eher ein „Kurzer“ ist, bleibt noch bei mir. In diesem wildreichen Revier zu jagen ist schon etwas Besonderes. Der Trieb dauert noch keine zehn Minuten, ertönt schon überall das Geläut der spurlauten Hunde, und es kracht aus allen Richtungen. Jetzt lasse ich auch Ben von der Leine. Ben hat einen ganz hohen Spurlaut und ist somit leicht von den anderen Hunden zu unterscheiden. Es dauert auch nicht lange, und auch Ben ist am Wild, wie wir hören.

Angenehm ist, dass unsere Brandln immer wieder nach ca. 15–20 Minuten zum Führer zurückkommen und dann wieder in den Trieb geschickt werden können. Jedes Mal, wenn unsere Hunde zurückkommen, kontrolliere ich, ob sie auch keine Verletzungen haben, und sie bekommen auch ein Leckerli.

Als ich Basil nach der Kontrolle wieder in den Trieb schicke, geht er nicht nach vorne weg, sondern sucht zurück in eine Brombeerdickung und schlägt ganz zornig an. „Da kann nichts drinnen sein“, meint mein Kollege, „da bin ich gerade durchgegangen.“ Aber Basil macht einen gewaltigen Radau, und so eile ich ihm zu Hilfe. Als ich mich der Bail nähere, kommt Bewegung in die Brombeerstauden. 5 Frischlinge mit ca. 25 kg brechen nach unten aus, und die grobe Bache geht nach oben weg, gefolgt von Basil. Gar nicht weit, so nach ca. 50 Metern, stellt sich die Bache im Hochholz. Es ist schon ein herrliches Bild, zu sehen, wie Basil die Bache bedrängt. Geschickt wehrt diese aber die Fassversuche der Bracke ab. Deutlich kann ich erkennen, die Bache will hinunter zu den Frischlingen, aber da stehen wir dazwischen. „Komm, gehen wir weg!“, sage ich zum

Kollegen, und kaum haben wir den Weg frei gemacht, eilt die Bache hinunter zu ihren Frischlingen, lauthals verfolgt von Basil. Eine saubere Arbeit.

Als der Trieb aus ist und wir in Richtung Autos gehen, sind beide Hunde auf einmal wieder da. Es verblüfft mich immer wieder, wie die Hunde wissen, wann der Trieb aus ist. Aber es ist sehr angenehm, wenn man nicht auf die Hunde warten muss. Nun geht es ab zum Mittagessen. Alle drei haben brav gejagt und rollen sich zu einem erholsamen Mittagsschläfchen im Pick-up zusammen.

Da im ersten Trieb „nur“ 30 Stück erlegt worden sind (von 15 Schützen), wird nach dem Mittagessen noch ein zweiter Trieb organisiert. Es dauert aber einige Zeit, bis unsere Bracken im zweiten Trieb warm werden. Offensichtlich waren die ersten 3 Stunden doch sehr anstrengend. Anfangs kurz, werden aber die Suchen dann doch wieder weiter, und auf einmal sind alle beide, also Ben und Basil weg. Komisch, denke ich, eine Stunde unterwegs, ohne zurückzukommen – da stimmt was nicht.

Als ob es Telepathie gewesen wäre – ruft meine Frau an: „Du, die Hunde sind bei mir, also auf der gegenüberliegenden Seite des Treibens. Wir haben Standlaut in unserer Nähe gehört und haben die Bail angegangen, da sehe ich, wie Ben und Basil gemeinsam ein Hirschtier stellen im hüfthohen Gras. Als wir näher kommen, geht Basil dem Tier an die Drossel und reißt es nieder, beide haben dann verhindert, dass das Tier nochmal hochkommen konnte. Mein Kollege Alexander hat dann dem Tier den Fang gegeben (mit dem Hirschfänger getötet), das Tier hatte einen Weichschuss.“

„Gute Arbeit“, sage ich am Telefon, „vielleicht kannst du mir die beiden wieder herüberschicken.“ Ben, der alte, erfahrene Rüde, ging nicht mehr den weiten Weg zu mir zurück, sondern blieb bei Margarete. Basil ließ sich brav wegschicken und war 10 Minuten später bei mir. Fix und fertig ließ er den „Gesundheits-Check“ über sich ergehen und genoss die lobenden Streicheleinheiten. Den Rest des Triebes wankte er total fertig 3 Meter hinter mir nach.

So gegen Ende des zweiten Triebes hören wir, gar nicht so weit weg, Standlaut. „Das ist meine Wachtel“, sagt der Förster, der unsere Gruppe anführt. Vorsichtig nähern wir uns der Bail, können aber in der Dickung nichts sehen. Auf einmal kommt die Wachtel aus der Dickung heraus zu ihrem Führer. „Wo ist das Hirscherl, na zeig mir`s, rüdet der Förster seine Wachtel an, doch diese mag nicht mehr und bleibt beim Führer. „Komisch ist das“, meint er, „aber vielleicht ist das Stück gerade verendet, komm lass uns nachschauen.“ Da läutet das Handy, und eine Standaufsicht meldet dem Förster, dass seine Wachtel auf einem Hirschtier drauf war, das einen Vorderlaufschuss hat. Eigenartig, dann kann es aber nicht verendet sein, so seine Meinung.

Wir suchen die Dickung ab und finden akkurat etwas Schweiß. Auf einmal kommt wieder Leben in den müden Basil, und ehe wir uns versehen, ist er auf und davon. Als ich der Fluchtfährte des Hundes folge, finde ich immer wieder Schweiß. „Basil ist drauf“, sage ich dem Förster. „Hoffentlich schafft er das noch“, meint mein besorgter Kollege, „aber Basil ist ja noch jung.“ Angespannt warten wir, was passieren würde. Der zweite Trieb ist bereits beendet, und es wird still im Revier, aber von Basil hören wir auch nichts mehr.

„Basil hat doch den Sender vom Tracker 2000 um, oder?“, fragt mich mein Begleiter. Richtig, das vergesse ich noch immer, ich habe es erst seit kurzem, darum bin ich es noch nicht gewohnt. Die dicke violette Linie auf der Revierkarte am Display zeigt, dass Basil spurlaut ca.1800 Meter von uns entfernt ist, darum hören wir auch nichts. Beim nächsten Blick sehen wir, der Hund bewegt sich im kleinen Kreis, vermutlich stellt er. Zur Sicherheit rufe ich an und höre, wie Basil Standlaut gibt. Schon erstaunlich was die neue Technik alles kann.

„Schon komisch“, meine ich, „rundherum Wald und mitten auf einem Acker stellt Basil das Hirschtier?“ „Lass sehen“, sagt der Förster, „hier gibt es keinen Acker.“ Auf einen Blick erkennt der

Revierkundige die Situation. „Das ist kein Acker, sondern ein Fischteich, den wir vor einigen Wochen abgelassen haben. Das kann ja heiter werden.“ So schnell uns unsere auch schon müden Füße tragen, eilen wir zum Teich. Mitten im Teich, etwa 300 Meter vom Ufer entfernt, stellt Basil das laufkranke Tier. Wir versuchen, hineinzugehen, aber schon nach10 Metern rinnt uns der braune Schlamm oben in die Stiefel, keine Chance, an das Tier ranzukommen. Nach kurzem Beratschlagen fangen wir an zu rufen und mit den Händen zu klatschen und hoffen, dass wir so die Bail brechen können und die beiden aus dem Teich rauskriegen. Nach einigen Versuchen gelingt es dann auch. Das Tier bricht die Bail und eilt dem gegenüberliegenden Ufer zu. Basil folgt dem Tier, der Schlamm reicht ihm über die Brust. Als Basil am gegenüberliegenden Ufer wieder Land unter die Läufe bekommt, trauen wir unseren Augen nicht. Keine 5 Meter vor dem angrenzenden Wald springt Basil dem Tier an die Drossel und zieht es nieder.

„Na, hast schon sowas gesehen“, sagt der Förster, „des gibt's ja nicht, ziagt des kloane Hundl des Tier nieda.“ Eilig ziehen wir uns aus dem „Schlammbad“ zurück und laufen am Ufer um den See, um Basil zu helfen. Immer wieder versucht das Tier, wieder hoch zu werden, aber Basil lässt ihm keine Chance. Bei jedem Versuch aufzustehen, packt Basil es am Träger und zieht es nieder – ein gewaltiges Schauspiel. Während der Förster den Fang setzt, kann ich mit dem Handy noch einige Fotos von dieser unglaublichen Situation schießen. Als das Tier den letzten „Schlegler“ (Zucker) macht, fällt Basil am Ufer todmüde um. Im Liegen lässt sich der erschöpfte Hund die vor Dreck stehende Schutzweste abnehmen und sich reinigen. Als wir das Stück auf den herbeigerufenen Pick-up aufladen, müssen wir Basil ebenfalls hochheben, zum Hinaufspringen ist er zu müde. Auch der Förster und ich müssen hinten auf den Pick-up rauf, weil unsere Kleidung ebenfalls voller Schlamm ist. Total geschafft, aber überglücklich kehren wir zum Streckenplatz zurück, wo schon alle auf uns warten. Die Aktion hat sich schon herumgesprochen, und alle bewundern die heutige Leistung des erst zweijährigen Rüden.

Basil ist das ziemlich egal, im Liegen frisst er sein Futter, rollt sich ein und schläft den Schlaf des Gerechten. Mir und meiner Frau geht es nicht so gut, wir dürfen noch nicht schlafen. Immer wieder müssen wir die Fragen wissbegieriger Jäger über unsere Hunde beantworten, mit ihnen anstoßen und Weidmannsheil singen. Nach dem ausgiebigen Schüsseltrieb und eineinhalb Stunden Heimweg endlich im Bett angelangt, meint meine Frau: „War doch gut, dass wir heute gefahren sind, es war super!"

Ja, so sehe ich das auch!

„Ach, könnte es Herbst das ganze Jahr lang bleiben"

… heißt es in einem Vers. Ich glaube, das sehen viele Weidmänner ähnlich. Der Herbst ist einfach die Zeit zum Jagen. Im Herbst wird die jagdliche Ernte eingefahren, bei den langersehnten Treibjagden auf Hase und Fasan. Gesellschaftsjagden haben einen eigenen Reiz. Der Hörnerklang zur Begrüßung, das Miteinander, Sichfreuen über einen sauberen Schuss des Nachbarschützen, dem Vorsteher beim Apportieren zusehen, Strecken legen, Schüsseltrieb, Singen, gemeinsam ein paar schöne Stunden erleben – alles das ist Herbst.

Natürlich ist das ganze Jagdjahr voller Höhepunkte: So wenn man im tief verschneiten Jännerwald geduldig auf den ranzenden Fuchs oder den rauschenden Keiler wartet, wenn endlich im März die ersten Schnepfen den Frühling ankündigen oder wenn die Hahnenbalz im Mai die Jägerherzen höher schlagen lässt. Der Aufgang der Bockjagd wird meist sehnsüchtig erwartet, dann rast die Zeit weiter zur Rehbrunft Ende Juli, hin zur Hirsch- und im November zur Gamsbrunft.

Lauter mit Freuden erwartete Höhepunkte im Jägerleben, die keiner missen möchte. Und trotzdem steigt die Spannung, wenn die ersten Einladungen zu den Gesellschaftsjagden ausgesprochen werden. Ganz besonders reizt mich da die Einladung zu den Bewegungsjagden auf Schwarzwild. Als Führer von Bracken werde ich sehr oft zu solchen Jagden gerufen, sei es als Nachsuchengespann oder, was noch viel häufiger passiert, in der Absicht, mit den Bracken das Schwarzwild zu finden und in Bewegung zu bringen. Die Freude am Jagen, die hervorragende Nase, die dosierte Schärfe, die Härte, die diese sonst so freundliche Hunderasse am Schwarzwild zeigt, und der herrliche Spurlaut überzeugen immer mehr Jäger von der Qualität dieser Rasse.

Mich als Hundeführer fasziniert diese Wildart seit eh und je. Die Intelligenz und Schläue, aber auch die Wehrhaftigkeit, die dieses Wild zeigt, ist schon eine große Herausforderung für jeden Weidmann und Hundeführer.

Bereits 1980, als ich meinen ersten Brandlrüden Birko vom Türkenschuss auf die Europapokalprüfung in der Tschecho-

Auch Baron ist ein ausgezeichneter „Schwarzwildjäger"

slowakei, bei der auf Schwarzwild geprüft wurde, vorbereitete, begann meine Vorliebe, mit Bracken Schwarzwild zu bejagen. Ich konnte bis heute doch schon einiges an Erfahrung dazugewinnen und möchte nun eine der vielen schönen jagdlichen Wochen schildern.

Der Herbst, wie ich ihn liebe!

Es ist Samstag. Wir, damit meine ich meine Frau, mich und meinen Steirischen Rauhaarbrackenrüden Dux vom Lonitzberg, sind eingeladen zur Hasenjagd im benachbarten Feldrevier.

Es sind viele Schützen und ebenso viele Jagdhunde aller Rassen mit dabei. Einer der Vorstehhundeleute erklärt mir, dass Bracken bei einer Niederwildjagd eigentlich nichts verloren hätten und es besser sei, wenn ich den Hund im Auto ließe. „Du hast ja recht", sage ich, „aber ich muss noch die Standruhe bei meinem Hund verbessern und dazu ist das heute eine gute Möglichkeit." Ich werde Dux natürlich nicht schnallen; aber ohne Hund gehe ich prinzipiell nicht jagen, man weiß ja nie.

Die Jagd wird großteils in einer „Böhmischen Streif" durchgeführt, und so kann ich sehr schön die anderen Hunde beobachten. Schön, denke ich mir, dass mein Rüde nicht der einzige ist, der noch nicht perfekt ist. Wieder einmal bin ich sehr froh, dass ich eine Bracke führe.

Beim letzten Trieb, der in Richtung Maierhof geht, das ist nach der Jagd der Treffpunkt, wird ein Hase beschossen. Nach sechs Schuss ist der Hase außer der Reichweite der Flinten, macht nach ca. 200 m einen Haken nach links und flüchtet dann unter die abgestellten alten Traktoren. Der Vorsteher wird dem Hasen nachgeschickt, doch beim Haken findet er nicht weiter und kommt zu seinem Führer zurück. Seltsam, denke ich mir, dass da alle sechs Schuss daneben waren? Während ich so überlege, kommt ein junger Terrier auf die Fährte und arbeitet spurlaut ebenfalls bis zum Haken und sucht dort verbissen weiter; nach einiger Zeit scheint er etwas gefunden zu haben. Super, so meine Gedanken, der wird den Hasen finden.

Leider wird am Weg zum Traktor-Abstellplatz ein anderer Hase hoch, und ab geht es mit diesem noch unbeschossenen Meister Lampe. Nach geraumer Zeit ist der Trieb aus und alle Jäger sind beim Maierhof versammelt. „Der Hase ist gesund entlassen“, meldet der Vorstehhundemann dem Jagdleiter. Der hat diese Szene auch genau beobachtet und tritt an mich heran, ob ich nicht mit Dux kontrollieren könnte. Ich habe dabei keine Freude, schauen doch mindestens 30 Jäger zu. Findet man nichts, gibt es gewiss unnötige Redereien, die ich gar nicht schätze. Meine Frau überredet mich dann doch, und wir gehen auf das Feld zur Kontrolle.

Ich habe Dux nur an der Führerleine und gehe dorthin, wo der Hase den Haken geschlagen hat. Es dauert gar nicht lange, da legt sich Dux ins Zeug und zieht in Richtung Traktoren. Da ich mir sicher bin, dass er drauf ist, schnalle ich. Relativ ruhig und langsam sucht Dux zu den Traktoren.

Nachdem er rund um die Traktoren alles abgesucht hat, schlüpft er unter einem Traktor hindurch, und – flutsch – fährt der Hase auf der anderen Seite aus. Mit hellem Jauchzen folgt Dux dem Hasen über den Acker. „Der Abstand zwischen Hase und Dux wird immer kürzer, also muss er der Beschossene sein“, denke ich, als einer der Jäger den Hasen rollieren lässt. Nachdem Dux mir den Hasen freudig verweist, nehme ich diesen auf und begebe mich wieder Richtung Maierhof. Der Jagdleiter wartet schon voller Freude und gratuliert zur sauberen Arbeit. Dux hat es wieder einmal allen gezeigt, und diesmal sogar vor etlichen Zuschauern …

An einem Dienstag sind wir zu einer Bewegungsjagd in ein 800 ha großes Jagdgatter eingeladen. Eine sehr noble Jägerschaft erwartet uns: Lauter Großgrundbesitzer warten gespannt, was wir, nur fünf Hundeführer und einige Treiber, auf die Läufe bringen. Wir Hundeführer sind für den Fangschuss bewaffnet. Ich und ein zweiter Hundeführer sind eingeteilt, in einer ca. 10 ha großen Dickung die Sauen zu bewegen. Ich habe heute neben Dux noch die Brandl von meinem Sohn dabei. Ben soll auf Sauen eingearbeitet werden.

Schon nach einigen Metern erwartet uns eine scheinbar undurchdringliche Mauer aus 2 m hohen Brombeeren. Die einzige Möglichkeit, voranzukommen, ist auf den starken Wechseln, die da kreuz und quer laufen. Das wiederum verspricht, des Öfteren mit den Sauen zusammenzulaufen, was auch nicht immer „lustig" ist.

Nach ein paar Minuten ist es dann auch schon so weit. Dux und Ben sind unterwegs, als eine starke Bache auf mich zuwechselt.

Auf keine 5 m hält sie und fixiert mich mit ihren kleinen Sehern. Hinter ihr drängen sich einige Frischlinge. Ich kann natürlich nicht die Bache erschießen, und so überrede ich sie letztlich mit einem Warnschuss in die Erde, besser die andere Richtung zu nehmen.

Das fängt ja lieb an, denke ich, immer wenn du einen Hund brauchst, ist keiner da. Aber die Hunde arbeiten, wie man hört. Ben ist ganz in der Nähe spurlaut unterwegs, als ein paar Schüsse fallen. Laut klagend bewegt sich ein Frischling ins Dickicht. Ben gibt Standlaut. Während ich überlege, ob ich hinübereilen soll, ruft mir der andere Hundeführer zu, dass er in der Nähe sei und nachsehen geht. Kurz danach fängt Herbert den Frischling ab, dem beide Hinterläufe abgeschossen waren. Ben hat brav gestellt und eine wertvolle Erfahrung gemacht.

Es geht schon dem Ende des Treibens zu, als ich Dux Standlaut geben höre. Entweder hat sich eine stärkere Sau eingeschoben und will das Dickicht nicht verlassen oder sie ist angeschweißt. Also muss nachgeschaut werden. Das ist aber leichter gesagt als getan. Der Standlaut ertönt ca. 100 m ober mir, aber bis dahin sind 100 m dichtestes Brombeerdornengebüsch zu überwinden. Meter für Meter kämpfe ich mich nach oben. Der Trieb ist mittlerweile aus, und unten am Weg schauen schon gespannt ein Haufen Jäger zu, was das wird. Dux merkt, dass ich komme und seine Attacken werden immer heftiger. Hoffentlich wird die Sau die Bail brechen, denn bis ganz hinein in die Dickung ist es fürwahr ein dorniger Weg. Der grobe Klotz ist sich aber sehr sicher in seinem Einstand und denkt gar nicht daran, herauszukommen; auch ein paar Schweizer Kracher beeindrucken ihn offensichtlich nicht. Da ich untendurch nicht mehr weiterkomme, versuche ich es obendrüber. So ca. 2 m über dem Erdboden klettere ich auf allen vieren über die Dornen.

So blöd kann nur ein Jäger sein, denke ich bei mir. Jetzt bin ich schon auf 3 bis 4 m heran, kann aber keine Sau sehen, sehr wohl aber riechen.

Das drohende Wetzen und Schlagen deutet auf ein starkes Stück hin. Wenn ich da jetzt hindurchfalle, denke ich, dann ist es vorbei mit mir. Was aber tun?

Auf einmal sehe ich Dux mit seinem blonden Haarkleid durch die Dornen leuchten. „Fass die Sau!", rüde ich Dux an. Dieser fährt in die dunkle Dornenkammer mit zornigem Gebrüll hinein und kommt gleich wieder retour – gefolgt von der Sau! Nur kurz sehe ich unter mir das „Schwarze" und schon eilt die Brenneke durchs Gestrüpp.

Mit einem zornigen Klagen geht das Stück wie ein Keil durch die Stacheln in Richtung Graben. Dux folgt mit grobem Laut, der sich nach ca. 100 m wieder in den herrlich klingenden Standlaut umschlägt. Super, denke ich mir. Ich hocke auf den Dornen heroben und unten stellt Dux das Schwein.

Keiner der zuschauenden Jäger wagt, in das Dornenlabyrinth hineinzuklettern; stattdessen verfolgen sie erwartungsvoll, was ich jetzt mache. Gut eine halbe Stunde dauert es, bis ich wieder auf ca. 15 m an der Sau bin. Zum Glück ist es hier nicht mehr so extrem dicht, und ich kann auf ca. 10 m den Fangschuss aufs Teller setzen. Krachend und schlegelnd wälzt sich der starke Überläuferkeiler (aufgebrochen 80 kg) herunter bis zu mir. Dux kommt herbei und holt sich seine Streicheleinheiten. Sicher zehn Minuten hocken wir zwei zusammen, bis sich der Adrenalinspiegel wieder normalisiert hat. Auch wenn man Derartiges schon öfter erlebt hat, ist es jedes Mal wieder ein unglaubliches Gefühl.

Passion, Beutetrieb, Angst – vieles durchlebt man in solchen Minuten. Wie zufrieden und erfüllt ist man, wenn man seinen treuen Vierbeiner danach unverletzt wieder in die Arme nehmen kann.

Mittlerweile waren auch schon ein paar Jagdkollegen da, die uns beim Bergen halfen. Einer von ihnen bestätigte, dass er das Stück beschossen hatte, wie der Hinterlauf zeigte. Mein Schuss war von oben, neben dem Rückgrat, in die Kammer eingetreten und hätte sicher bald zum Verenden des Stückes geführt. Der Fangschuss hinter das Teller hatte das Leiden aber rascher beendet.

Noch lange war Dux in aller Munde und viele von ihnen sahen zum ersten Mal die Arbeit einer Bracke und waren begeistert. Auch der Berufsjäger meinte bei der Verabschiedung, es wären schon viele Hunde bei den Jagden dabei gewesen, aber so etwas hätte er auch noch nicht erlebt. Das waren Reaktionen, die mich stolz auf meinen Hund machten. Am darauffolgenden Tag lag Dux müde auf seinem Platz und war froh, dass er nicht laufen musste.

Erfolgreiches Team

Es ist Sonntag, und wir sind wieder im Einsatz; diesmal bei einer Bewegungsjagd auf Schwarzwild in der Wachau. In dieser herrlichen Gegend sind wir schon eine kleine Gruppe von Brackenführern, die immer wieder eingeladen wird. Und die Erfolge können sich sehen lassen!

Ich bin zum Nachsuchen eingeteilt, und so bleibt Dux bei mir am Stand. Freude hat er damit keine, und es fällt ihm schwer, ruhig liegenzubleiben, wenn die anderen Hund in der Nähe lustig vorbeijagen.

Nach dem ersten Trieb, in dem es ganz schön gekracht hat, kommt ein Mitpächter zu mir und schildert, wie eine Rehgeiß mit einer offensichtlich älteren Laufverletzung neben ihm den Forstweg überquert hat und dabei immer wieder eingeknickt ist. Ein rasch hingeworfener Schuss ging vermutlich daneben. Er fragt mich, ob möglicherweise mein Hund etwas ausrichten könnte. Natürlich ist kein Schweiß vorhanden, aber Dux interessiert sich doch sehr für die Fährte und so nehme ich ihm die Halsung ab. Ziemlich rasch eilt er den steilen Hang hinunter und keine fünf Minuten später hören wir schon das Klagen der Rehgeiß. Zufrieden mache ich mich mit dem Pächter auf den Weg hinunter, wo Dux schon freudig nach uns bellt. Der rechte Vorderlauf war vermutlich durch eine alte Kfz-Verletzung total verkrüppelt, aber verheilt, und am linken Vorderlauf war ebenfalls eine einige Tage alte Verletzung zu sehen. Zum Glück konnte Dux dieses Leiden beenden.

Als wir am Sammelplatz ankommen, wartet der Jagdleiter schon mit der nächsten Arbeit; es handelt sich um eine angeschossene Sau. Zuerst aber wird gejausnet und ein guter Schluck Wein getrunken.

Auch einer der schönen Bräuche: Gemeinsam jagen und gemeinsam essen und trinken in freier Natur.

Nach einer knappen Stunde blasen die Hörner zum Aufbruch. Wir warten, bis die ganze Gesellschaft weg ist und machen uns dann auf den Weg zum Anschuss. Ober dem Forstweg im Hochwald wäre die Sau beschossen worden. Schusszeichen seien keine zu erkennen gewesen, instruiert uns der Schütze. Aber auf dem Wechsel herab auf die Straße ist Schweiß, auch über dem Weg und auf der gegenüberliegenden Seite geht es steil bergab in eine Dickung und auch hier ist am Wechsel Schweiß zu finden. Im vergangenen Jahr hatten wir fast an der gleichen Stelle eine Nachsuche, die wir ganz unten im Bach beenden konnten. So wollten wir es jetzt auch versuchen.

Andi, der ortskundige Jäger, der mit dabei ist, soll sich unten im Bach, dort wo die Dickung endet, vorstehen. Ich gehe mit Dux der Schweißfährte nach. Erstaunt bin ich, als Dux den Wechsel, der direkt in die Dickung führt, nach ca. 50 m verlässt und nach links in den Hochwald hinein sucht. Da er aber fest im Riemen liegt, glaube ich ihm und nach einiger Zeit verweist er mir wieder Schweiß; also liegt Dux richtig.

Natürlich steht Andi jetzt am falschen Platz. Anrufen geht nicht, weil hier kein Empfang ist, also weiter. Nach einigen hundert Metern sind wir unten im Bach; dort hoffe ich insgeheim, das kranke Stück anzutreffen. Dem ist aber nicht so, und so geht es zügig den steilen Gegenhang hinauf. Im lichten Buchenaltholz durchstreifen wir tiefes Laub; ich kann die Fährte selbst auch sehen. Um Dux nicht zu bremsen, nehme ich ihm die Halsung ab und lasse ihn allein weitersuchen. Im aufgedrehten Laub ist die Fährte auch für mich leicht zu halten, und dann und wann finde ich auch wieder einen Tropfen Schweiß. Als ich schon einen Kilometer der Fährte gefolgt bin, höre ich endlich Standlaut. Der Laut kommt aus dem Bach, also nichts wie runter. Ich bin aber noch keine 50 m heran, da bricht die Bail und die wilde Jagd geht wieder retour. Die Stimme von Dux klingt grantig, und es ist einige Male auch das Aufklagen der Sau zu vernehmen. Das bestätigt mir, dass es sich um ein Stück Schwarzwild mit ca. 40 kg handelt. Dux versucht es zwar zu binden, aber das Stück ist doch etwas zu groß. Recht arg kann die Verletzung aber auch nicht sein, sonst würde sich das Stück früher stellen. Ich laufe so gut es geht zurück und vernehme wieder Standlaut, jetzt in der Dickung, an der wir anfangs vorbeisuchten. Dort wo die Dickung beginnt, geht es mächtig steil bergauf; ich lege eine kurze Verschnaufpause ein.

Als ich wieder Luft bekomme und mich bergauf begebe, sehe ich den abgestellten Geländewagen von Andi. Der Schlüssel steckt, also ab mit dem Auto, den Forstweg hinauf und entlang in die höher gelegene Abteilung. Als ich oben abstelle, höre ich Dux unten wieder. Hinunter die Bail angehen ist doch etwas leichter als so steil bergauf. Ich versuche so leise wie möglich in die Dickung einzudringen. Der Wind passt, somit sollte es diesmal gelingen. Ich bin aber noch keine 50 m weit gekommen, als abermals die Bail bricht und die Hatz wieder nach oben bis über den Bergrücken drübergeht. „Verfluchte Sch... !“ Wieder kämpfe ich mich zurück zum Auto und jage dieses voller Wut im Bauch nach oben. Ich glaube, in diesem Moment hätte ich eine Sonderprüfung bei einer Rallye gewonnen.

Kaum stelle ich oben das Auto ab, höre ich schon wieder Standlaut. Das hebt die Stimmung gleich um einiges. Guter Hund, denke ich mir, aber allein wird das nichts. Ich versuche ein paar Jäger zu erreichen; das bleibt erfolglos, am Display meines Mobiltelefons steht nur „Kein Netz“. Ich bin mir gar nicht mehr sicher, ob wir noch im Revier sind, aber ich weiß, dass die Nachbarn alle eingeladen sind und es somit keine Probleme geben wird, falls ich schon die Reviergrenze überquert haben sollte.

Trotz aller Vorsicht scheitert aber auch dieser Versuch, die Bail anzugehen; ich muss zuhören, wie die Jagd weit hinunter in das andere Tal geht. Mittlerweile ist auch die Dämmerung hereingebrochen und ich muss ziemlich kleinlaut die Nachsuche abbrechen.

Diesmal hat das schlaue Schwarzwild gewonnen. Eine gewisse Bewunderung kommt in mir hoch. Trotz Verletzung und Bedrängnis durch den Hund hat sich das bestimmt noch junge Stück den Nachstellungen der Jäger entzogen. Ich bin mir auch sicher, dass die Verletzung nicht sehr schwer ist. Denn heroben am Bergrücken konnte ich in der Fährte im Schnee auch keinen

Schweiß mehr finden; so ist anzunehmen, dass das Stück durchkommen wird. Also mache ich mich auf den Weg, meinen ortskundigen Jäger einzusammeln.

Als ich die Strecke zurückgefahren bin und niemanden antreffe, hole ich mein Jagdhorn heraus und blase das Signal „Sammeln der Jäger“. Sogleich höre ich schon von unten die Antwort erklingen. Na also, wozu ein Mobiltelefon, wenn es so auch geht! Als wir zusammentreffen, blasen wir zwei im tiefen Wald allein das Signal „Jagd vorbei und Halali“. Leicht ins Sentimentale abgerutscht sagt Andi: „Siagst, so sche war's jagan ohne Mobiltelefon.“

Als wir wieder im Auto sitzen, sorgt sich Andi um Dux. Wo wird der jetzt wohl sein? Hoffentlich ist ihm nichts passiert? Wie findet er wieder zurück? Fragen, die ich mir als Hundeführer anfangs auch immer wieder gestellt habe. Mittlerweile weiß ich aber, was zu tun ist. Wir fahren zurück und dort, wo wir die Nachsuche begonnen haben, lege ich meinen Wetterfleck ab.

Auf der Forststraße stelle ich meinen Pirschstock ab und binde das rote Signalband des Huts drauf. So finde ich ihn wieder. „Wozu ist das gut?“, fragt Andi. Ich erkläre ihm, dass Dux hierher zurückkehrt und am Wetterfleck auf mich warten wird. Der ausgeprägte Orientierungssinn bei den Bracken ist schon eine bewunderswerte Fähigkeit, die ich nicht missen möchte.

Ich kenne einige Hundeführer, die nach solchen Aktionen ihren Hund oft tagelang suchen müssen. Als wir nach ca. drei Stunden wieder zurück zum Wetterfleck kommen, wartet Dux schon freudig auf uns. Andi ist sprachlos und bewundert Dux, der die Streicheleinheiten genussvoll über sich ergehen lässt. Auch wenn die Nachsuche nicht erfolgreich abgeschlossen werden konnte, habe ich trotzdem einen wieder sehr schönen, lehrreichen und erlebnisreichen Jagdtag gemeinsam mit meinem geliebten Bracken erlebt.

Rückblickend war das eine sehr bewegte Woche, so schön und abwechslungsreich, wie sie nur der Herbst bieten kann.

Im Jahreslauf

Jagdliche Einsätze von Dux und Ben 2009

Das Jagdjahr erstreckt sich bei uns (Dux, Grete und mir) von Anfang Februar bis Ende Jänner, da die Bewegungsjagden mit dem 30. Jänner enden. In den Monaten Februar und März ist es jagdlich gesehen Gott sei Dank endlich ruhig. Neben dem Füttern ist nicht sehr viel Arbeit im Revier. Ab März geht es dann öfter hinaus, um die Rehböcke zu beobachten. Bei dem laufenden Jungjägerkurs und den Brackenübungstagen können sich Dux und Ben von ihren guten Seiten präsentieren.

Am **1. Mai** geht es bei uns im Revier dann los. Grete schießt am 1. Mai des Jahres 2009 – das hier als Beispielsjahr dienen soll – einen Jahrling; ich am **8. und 9. Mai** ebenfalls. Einer davon muss gesucht werden; es ist aber nur eine kurze Totsuche. In dieser Zeit wird auch einiges Raubzeug erlegt, das öfter die Raubwildschärfe fordert.

Am 1. Juni habe ich das Vergnügen, nach einem Tag Abgängigkeit, Dux vom Tierheim in St. Pölten abholen zu können. Beim Besuch einer läufigen Hündin wurde Dux gefangen und ins Tierheim gebracht. (Ein halber Tag kostet übrigens 70 Euro.)

Im Juni und Juli kommen wieder einige **Rehböcke** und **Jungfüchse** zur Strecke. Nur kurz das Resümee:

24. Juli: Jungfuchs am Abend geschossen.

25. Juli: Jungfuchs in der Früh geschossen.

27. Juli: Jungfuchs am Morgen – Nachsuche – gefunden.

29. Juli: Am Morgen Rehbock mit gutem Blattschuss geschossen; noch ca. 200 m gegangen – mit Ben gesucht.

3. August: Um 5 Uhr und um 6 Uhr je einen Jungfuchs erlegt, am Abend um 20:30 Uhr einen Fuchs angeschossen, den ich am nächsten Tag mit Dux zustande bringen konnte.
31. August: Wir (ich, Grete und Dux) fahren mit unserem Obmann Gerstl Gamsjagen nach Kärnten. Hr. Gerstl erlegt dort zu seinem 80. Geburtstag seinen ersten Gamsbock. In dieser Woche nehme ich zwei Kärntner Hundeführern die Schweißprüfung ab.

Da heuer ein sehr gutes Mastjahr ist (viele Eicheln und Bucheckern), gibt es sehr viel Nachwuchs bei den Sauen. Darum beginnen jetzt schon im September die ersten Bewegungsjagden auf Sauen. **Am 19. September** ist es soweit. Franz aus Joching lädt zur ersten Saujagd in diesem Jahr. Ich habe einen „Kaiserstand", sprich einen Leitersitz direkt an einer Dickung. Grete steht auf der anderen Seite der Dickung. Nachdem die Treiber samt Hunden die Dickung durchgetrieben haben, schnallen wir Ben und Dux. Kaum in der Dickung, gibt Dux schon heftigen Standlaut. Franz, der die Treiberwehr anführt, kehrt daraufhin mit den Treibern um und geht wieder in die Dickung hinein. Er hört, dass Dux die Sau nicht allein bewegen kann. Von meinem Sitz aus kann ich an den Bewegungen der Brennnesseln und Brombeerstauden erkennen, wo sich Dux und die Sau bewegen. Es ist sehr spannend, wie sich die Korona in meine Richtung bewegt. Etwa 10 m vor dem Ende der Dickung gibt die Sau plötzlich Gas und stürmt in voller Flucht ca. 10 m unter mir aus der Dickung. Meine zwei Schüsse gehen daneben. Auch die der anderen Schützen. Und so kommt der starke Keiler (ca. 100 kg) unbeschädigt davon, wie die Kontrollsuche später zeigte – obwohl insgesamt achtmal auf ihn geschossen wurde! Insgesamt wurden bei dieser Jagd **6 Sauen** erlegt. Eine davon konnte Britta (die Steirische Brackenhündin von Franz) angeschweißt stellen und somit auch zur Strecke bringen. Grete hatte auch Anlauf, kam aber nicht zu Schuss. **Dux hatte eindrucksvoll seinen Ruf als „Sauhund" bestätigt.**

Am **10. Oktober** sind wir zur Bewegungsjagd in Langschlag eingeladen. Wir durchkämmen als Durchgehschützen mit den Hunden rund 300 ha. Und obwohl wir alles absuchen, kommen zwar sieben Rehe, aber keine Sau zur Strecke. Auch solche Ergebnisse sind beim Jagen in freier Wildbahn möglich.

Zu einer Nachsuche auf ein angeschossenes Reh kommt es im ersten Trieb. Der Jagdleiter rief mich am Mobiltelefon an und ersuchte mich, den Schützen auf Stand 30 aufzusuchen. Der Schütze hatte einen Laufschuss fabriziert.

Grete und ich gehen mit Dux und Ben zu Stand 30 und lassen uns dort von dem Schützen den Anschuss zeigen. Obwohl einige Terrier in der Umgebung jagen, kommt offensichtlich keiner auf die Krankfährte. Ich setze Dux frei an die Fährte, und schon ist er in der Dickung verschwunden. Mit Ben arbeitet unterdessen meine Frau Grete am Riemen die Wundfährte nach. Nach rund 10 Minuten hören wir Dux, wie er anjagt und kurz darauf ist auch schon das Klagen des Rehs zu vernehmen. Ben arbeitet mit Grete bis zum Stück am Riemen. Als der Schütze das Klagen hört, steht er am Hochstand auf und applaudiert. Dux ist bei solchen Nachsuchen nicht zu beeinflussen und zieht kompromisslos nieder.

Am **14. Oktober** sind wir in Mühnichreit bei FÖ F., der selber Brackenführer ist, zur Bewegungsjagd eingeladen. Frei sind Sauen, Sika-Wild und Reh. Bei dieser Jagd werden die Hunde vom Stand aus geschnallt. Es sind keine Treiber im Trieb, sondern nur Hunde (aus Sicherheitsgründen). Wir sind mit 6 Bracken vertreten. Es sind sehr wenig Sauen im Trieb und so sind nur 2 Sauen, 3 Sika und 4 Rehe auf der Strecke. Einen Frischling mit ca. 8 kg fängt die Steirische Rauhaarhündin Bia vom Tal Wachau und tut ihn ab. Das gelingt wirklich nur sehr wildscharfen Hunden. **Bia vom Tal Wachau** ist so eine!

Am **24. Oktober** sind wir in Pottschach zum Saujagen geladen. LR M. hat uns dazu engagiert. Dux hat sich in den letzten Jahren schon seinen Namen als **„Saufinder"** gemacht. Darum wird mir auch ein Leitersitz zugeteilt, der mitten auf einem Schlag steht, der voller Brombeerstauden ist. Beim Hingehen zeigt mir Dux unmissverständlich, dass er Schwarzwild in der Nase hat. Wir müssen aber noch eine halbe Stunde warten. Dann endlich, um 10 Uhr, dürfen die Hunde geschnallt werden. Kaum von der Leine, gibt Dux ca. 40 m ober mir in dem Dornendickicht Standlaut. Ich kann Dux zusehen, wie er es von jeder Seite her probiert an die in die Dornen eingeschobenen Sauen heranzukommen; er hat aber keine Chance. Nach 15 Minuten kommt Dux zurück zu mir; er holt mich. Ich gehe mit und kämpfe mich durch die bauchhohen Brombeeren. Ein spannendes Gefühl!

Man weiß nie, wo genau die Sau ist. Da wird Dux kurz vor mir heftiger. Mit schussbereitem Gewehr arbeite ich mich vorwärts, als ca. 4 m vor mir eine starke Sau hoch wird und von mir wegflüchtet. Dux ist kurz hinter ihr und so kann ich keinen Schuss

„Die Freude ist groß."

loswerden. Zufrieden, die Sau auf die Läufe gebracht zu haben, kehre ich wieder zu meinem Leitersitz zurück, jausne gemütlich und lausche dem Spurlaut der Bracke. Nach 30 Minuten kehrt Dux zu mir zurück und rastet kurz neben der Leiter. Dann geht Dux abermals hinauf in die Dickung und gibt schon wieder kräftig und zornig Laut. Da weit und breit kein Schütze in der Nähe ist, rufe ich per Mobiltelefon meinen Sohn Walter, der mit seiner Brandl am anderen Ende des Triebes steht, zur Verstärkung. Es dauert 20 lange Minuten, bis Walter mit Ben und ein paar Jägern kommt. Dux, der mich wieder holen wollte, habe ich inzwischen angeleint.

Nach kurzem Kriegsrat umstellen wir die Dickung und Walter geht mit beiden Hunden die Dickung ab. Dux zeigt ihm, wo die Sauen stecken. Walter umschlägt diese und geht von oben in die Dickung. Auf einmal wird es lebendig zwischen den Brombeeren und acht Überläufer stürmen auf uns herab. Es kracht an allen Ecken. Ich fehle auch erfolgreich und kurz darauf wieder Standlaut von Dux unter mir. Ben jagt hingegen spurlaut talaufwärts, wo ebenfalls einige Schüsse fallen. Nach kurzer Absprache geht Walter wieder die gestellte Sau an, während wir vorstehen. Dux kann die gesunde Sau nicht halten, die Bail bricht und kurz darauf wird der Überläufer vom Nachbarschützen erlegt. Insgesamt liegen 3 Sauen.

Beim Schüsseltrieb stellt sich heraus, dass es eine Nachsuche gibt.

Manfred T. hat seine junge Brandlhündin **Asta von Speiserhof** dabei, und wir beginnen mit der jungen Hündin eine natürliche Schweißprüfung. Als Kontrolle führt Walter Dux und Ben hinten nach (ca. 100 m hinter der Hündin). Asta nimmt sehr ruhig die Schweißfährte an und geht langsam und unbeirrbar der Fährte nach. Wir können auch immer wieder Schweiß bestätigen. Nach ca. 800 m Riemenarbeit wird Asta geschnallt. Ein rechtwinkeliger Haken führt steil bergab. Nach kurzer Zeit kommt Asta freudig zurück und verweist die bereits verendete Sau. Eine sehr brave Arbeit von einer sehr jungen Hündin. Der Jagdherr und auch die anderen Jäger sind begeistert von der Arbeit unserer Hunde (es war dies die erste Bewegungsjagd in diesem Revier) und ersuchen uns, beim nächsten Mal wiederzukommen.

Am **7. November** haben wir in unserem Revier eine Hasenjagd. Dabei geht es nicht so spektakulär zu wie beim Riegeln. Verblüffend ist aber, wie intelligent unsere Bracken sich umstellen und perfekt die Hasen suchen und jagen. Mit 7 Hasen und einem Fuchs beenden wir einen gemütlichen Jagdtag zu Hause. Am nächsten Tag geht es weiter.

Am **8. November** ist ein Hirschriegler im Revier Seeau in Ybbsitz angesagt. Da ich dem Förster versprochen habe, mit unseren Bracken zu kommen, aber meine Frau und ich verhindert sind, gebe ich Dux meinem Jagdkollegen Manfred, der ein Wachtelführer ist, mit. Dux muss ein unglaubliches Arbeitspensum geleistet haben. So wurde mir erzählt, wie er das Hochwild, das sich in den steilen Felswänden abgestallt hatte, bis hinauf auf die Almböden herausarbeitete. Eine Stunde später stellte er wiederum ein angeschweißtes Tier unten im Tal, das dadurch zustande kam.

Insgesamt kamen 25 Stück Hochwild zur Strecke. Schon einige Male wurde ich von Jägern, die ich vorher gar nicht kannte, angesprochen, die da sagten: „Du, deine Peintiger [Bracke] war in der Seeau unglaublich; so etwas haben wir noch nicht gesehen und gehört!“ Manfred, der selber 2 Stück erlegte, bestätigte ebenfalls den tollen Einsatz von Dux.

Am **14. und 15. November** hat uns ein gut situierter Baumeister, der in Tschechien ein Revier gepachtet hat, zum Riegeln eingeladen. Da wir an diesem Wochenende unsere Hundeprüfung in NÖ hatten, fuhr Walter mit Ben und Dux gemeinsam mit Manfred nach Tschechien. Auch dort konnten sie die Jäger von der guten Arbeit unserer Hunde überzeugen und eine Reihe von Einladungen folgte. Insgesamt wurden 17 Stück Hochwild, 3 Stück Sika und 3 Stück Schwarzwild erlegt.

21. November: Hasenjagd beim Reviernachbarn Harald. Zur Abwechslung wieder einmal ein gemütliches Jagen. Schnell haben unsere Hunde kapiert, dass wir Hasen jagen. Sie suchen in der Nähe und lassen anderes Wild in Ruhe.

28. November: Hasenjagd in Steinakirchen. Ich habe beide Hunde (Dux und Ben) mit. Dux ist wie immer selbstständig im Trieb. Ist der Trieb aus, ist Dux da. Ben jagt eher kurz, lässt sich sehr schön dirigieren und auch von den angejagten Rehen abpfeifen – zum Erstaunen so mancher Nachbarschützen. Einen angebleiten Hasen kann ich mit Ben über 2 km nacharbeiten. Ben geht großartig ohne Schweißriemen, immer in Kontakt bleibend, vor. Mit Ben ist es auch ein Erlebnis, über die Felder zu jagen. Wie ein Vorstehhund lässt er sich kurz führen und sucht unter der Flinte. Ich habe noch nie eine Bracke gesehen, die sich so bereitwillig führen lässt.

Wenn die dich annimmt, musst du treffen!

7. Dezember: Große Bewegungsjagd in der Nähe von Prinzersdorf. Der Grundbesitzer ist ein großer Anhänger unserer Bracken, konnte er sich doch schon in den vergangenen Jahren von ihren guten Leistungen überzeugen.

Für mich ist es sehr schön, dass mein Enkel Gerhard, der die Forstschule in Bruck a. d. Mur besucht, mit seinem Schulkollegen Stefan mit dabei ist. Beide wollen einmal eine richtige „Saujagd" erleben.

Bei dieser geradezu generalstabsmäßig organisierten Jagd werden auch Rehe geschossen. Der gesamte Geißen- und Kitzabschuss wird hier an einem Tag erfüllt. So lagen am Abend denn auch 35 Rehe und 16 Sauen auf der Strecke.

Wir Hundeführer haben als Durchgehschützen auch freie Büchse. Interessant ist, dass Dux da, wo es Sauen gibt, kein anderes Wild annimmt. So ist garantiert, dass dann, wenn Dux Standlaut gibt, eine Sau gearbeitet wird. Es dauert auch keine 10 Minuten, bis Dux die erste kranke Sau im Trieb stellt. Vorsichtig nähere ich mich, in Begleitung meiner zwei jungen Försterschüler, der kranken Sau und kann zu deren Freude den Fangschuss anbringen.

Dux jagt den ganzen Tag unermüdlich hinter den Sauen her. Am Ende des Jagdtages können wir noch bei einer Nachsuche ein Stück Schwarzwild zustande bringen. Beim Schüsseltrieb wird die Leistung der „Peintiger" allseits bewundert und Dux holt sich seine verdienten Streicheleinheiten von den begeisterten Jägern.

8. Dezember: Saujagen in Spitz. Da Dux noch etwas müde vom Vortag ist, wird er nicht in den Trieb geschickt, sondern zum Nachsuchen bereitgestellt. Für Dux völlig unverständlich, dass er neben mir sitzen muss, während die anderen Hunde rundherum spurlaut jagen. Grete ist als Durchgehschütze mit Ben unterwegs.

Gleich zu Beginn des ersten Triebes wird vom Nachbarschützen eine Sau krankgeschossen. Da Nachsuchen erst nach dem

Abblasen erlaubt ist, müssen wir noch zwei Stunden warten. Beim Sammelplatz werden dann die Nachsuchen organisiert.

2 Sauen seien angeschossen; eine vom Nachbarn und eine weitere. Ich solle die beiden Nachsuchen machen, während der zweite Trieb woanders abgehalten wird.

Dort wo es möglich ist, schauen wir immer, dass wir junge Hundeführer zu natürlichen Schweißprüfungen bringen. Auch hier ist dies der Fall. Walter ist mit seiner jungen Steirischen Rauhaarbrackenhündin Benita von Tschiernockblick da; wir beginnen mit dieser Hündin die erste Krankfährte nachzusuchen.

Wie so oft führe ich zur Kontrolle und zur Sicherheit (sollte die Sau noch leben) Dux hinten nach. Diese kleine, sehr schöne und extrem ruhige Hündin nimmt die Fährte ruhig an und folgt dieser mit durchhängendem Riemen. Der immer weniger werdende Schweiß bestätigt uns den vermutenden Laufschuss. Nach ca. 1.200 m Riemenarbeit kommen wir genau dorthin, wo mein

Gemischte Strecke

Nachbarschütze die zweite Sau krank geschossen hat. Benita wird ab da etwas heftiger im Riemen und deshalb geschnallt. Auch Dux wird am Riemen schon laut. Nach ein paar Minuten kommt Benita voller Freude zurück und verweist die bereits verendete Sau. Wie sich dann herausstellt, wurde der laufkranke Überläufer von meinem Nachbarschützen beschossen und verendete ca. 200 m weiter unten im Graben. Benita hat damit eine sehr gute Schweißprüfung abgelegt und wir haben „beide Sauen" beim Nachsuchen zustande gebracht. Am Abend lagen 6 Sauen, 2 Füchse und 1 Reh zur Strecke und ein junger Hundeführer freut sich mit mir über die bestandene Schweißprüfung.

12. Dezember: Rehriegeln im Nachbarrevier Schauboden. Für uns Hundeführer ein ruhiger Jagdtag. Getrieben wird durch einige wenige Treiber. Hunde werden nur zur Nachsuche eingesetzt, da Walter in diesem Revier die Aufsicht hat. Er hat auch mit Ben das kranke Reh nachgesucht und brav zustande gebracht. Zur Strecke liegen am Abend 7 Rehe, 1 Fuchs (von Walter in der Flucht mit der Kugel erlegt).

18. Dezember: Bewegungsjagd am Truppenübungsplatz. An diesem Tag geht es hauptsächlich auf Rotwild. Es sind nur sieben Schützen angestellt und wir vier Hundeführer sind im Trieb. Der Wildstand hier am „Tüpl" ist unglaublich. Rotwildrudel mit 40–50 Stück sind allgegenwärtig, und so kommt es, dass nach dem zweiten Trieb 17 Stück Rotwild, 1 Sau und 1 Fuchs zur Strecke liegen.

Ich absolviere eine interessante Nachsuche. Ein Schütze hat aus einem Rudel Rotwild von ca. 50 Stück, das flüchtig über die Wiese ging, auf ein Kalb geschossen. Er vermutete, dass er das Kalb getroffen hat und warf dem flüchtenden Wild noch einen zweiten Schuss nach.

OFÖ K. stellt zum Nachsuchen mich mit Ben und Manfred mit seiner **Wachtelhündin Aika** ab. Obwohl dort, wo der erste Schuss hinging, Schnee liegt, ist nichts zu finden, was auch kein

Wunder ist, wenn ein Rudel mit 50 Stück drübergeht. Bevor sich das Rudel in die „ach so herrliche“ Weißdorndickung (4 cm lange Dornen!) begibt, wird der zweite Schuss angebracht. Dort finden wir tatsächlich auch etwas Schweiß. Manfred will unbedingt mit seiner Aika die Schweißarbeit machen und so lasse ich ihm den Vortritt. Ben führe ich, wie schon so oft, hinten am langen Riemen nach. Aika arbeitet sehr hektisch, Ben wiederum lässt sich von den vielen Fährten nicht beeindrucken und buchstabiert langsam die Fährte.

Nach ca. 100 m bricht kurz vor uns ein Kalb nach links weg, worauf Aika geschnallt wird. Aika jagt hell jauchzend dem Kalb nach. Ben lässt sich dadurch überhaupt nicht irritieren und sucht ruhig weiter. Nach ca. 40 m wird direkt vor uns ein Tier hoch und flüchtet talwärts.

Ben arbeitet am Riemen weiter und führt mich so zum Wundbett. Wie sich jetzt zeigt, ist nicht das Kalb krank, sondern das Tier, das gerade vom Wundbett hoch wurde. Ich lobe Ben und schnalle ihn. Selbst nach dem Schnallen sucht Ben langsam weiter, wird schneller und schneller und ist weg. Nach ca. 20 langen Minuten vernehme ich dann aus dem Tal Standlaut. Manfred, der mittlerweile wieder bei mir ist, begleitet mich hinunter ins Tal.

Vorsichtig nähern wir uns dem stellenden Ben. Das Tier steht aber so in der Dickung, dass ein Fangschuss unmöglich ist. Erst als wir es umschlagen haben, kann Manfred den Fangschuss antragen. Auf den Schuss bricht das Tier zusammen, wird hoch und flüchtet weiter. In der Zwischenzeit ist auch Aika wieder hier und beide stellen nach ca. 100 m das Tier wiederum.

Als wir uns der Bail nähern, liegt das Tier bereits im Wundbett und hat nur mehr das Haupt in der Höhe. Mit dem Hirschfänger beendet Manfred das kranke Stück. Ich bin freudig überrascht von der konzentrierten Arbeit von Ben. **Ben von Brandlkreuz** ist erst drei Jahre alt, und zwischen so vielen Verleitfährten zu arbeiten, war sicher nicht leicht. Bemerkenswert auch die Aussage vom Schützen: „Ich habe auf das Kalb geschossen. Dieses Tier wurde nicht von mir angeschossen!" „Das ist ein ganz ein G'scheiter", bemerkte Manfred.

19. Dezember: Wieder um Bewegungsjagd auf Schwarzwild in Rapottenstein. Da ich keine Zeit habe, fährt Walter mit den Brackenführerkollegen Pfeiffer und Wurm jagen. Auch hier können unsere Bracken überzeugen und zur Strecke liegen 16 Stück Schwarzwild.

20. Dezember: Rehriegeln in unserem Revier in Feichsen. Unsere Hunde sind schon richtig froh, dass sie heute einmal nicht jagen müssen. Es wurden 3 Rehe erlegt!

29. Dezember: Hasen stampern in Schauboden. Die Hunde werden in den Trieb hineingeschickt; es ist immer wieder erstaunlich, warum sie wissen, dass es heute auf Hasen geht. Jedenfalls bringen sie in gekonnter Manier so manchen Hasen vor die Flinte; auch einen Fuchs, den ich leider fehle. 8 Hasen zieren die feine Strecke.

30. Dezember: Altjahrsjagdl bei uns in Feichsen. Zehn Schützen, sechs Hunde und ein paar Treiber bemühen sich, das zu Ende gehende Jagdjahr gemeinsam in guter Laune und ohne Stress und Vorgaben ausklingen zu lassen. 2 Hasen sind die bescheidene Strecke.

31. Dezember: Altjahrsjagdl am „Tüpl Allentsteig". Fünf Schützen und fünf Hundeführer begeben sich voller Zuversicht ins Revier. Zur Strecke kommen 4 Stück Rotwild und 3 Stück Muffelwild. Der Förster bittet mich wieder, nach dem Trieb einen Anschuss zu kontrollieren. Aus einem Rotwildrudel von rund 20 Stück wird ein Tier beschossen. Am Anschuss und am Wechsel in den Einstand ist kein Schweiß zu finden. Ben aber sucht in seiner buchstabierenden Art immer weiter und nach ca. 200 m verweist er mir den ersten Tropfen Schweiß. Ruhig und sicher führt mich Ben durch eine unglaubliche Menge von Fährten, aber etwa alle 100 m kann er mir wieder ein paar Tropfen Schweiß zeigen und versichert mir so, dass wir richtig sind.

Nach fast 2 km Riemenarbeit müssen wir leider abbrechen, da wir in ein Militärisches Sperrgebiet kommen. Eine Weitersuche ist strengstens untersagt. Schade, Ben hätte sich ein Erfolgserlebnis verdient gehabt.

… Und auch im neuen Jahr geht es wieder hinaus ins Revier:

Am **6. Jänner:** Brackieren in Groß Pertholz

Am **7. Jänner:** Brackieren in Weißenkirchen. 2 Hasen können vor der jungen Steirischen Rauhaarbrackenhündin Benita vom Tschiernockblick erlegt werden.

Am **8. Jänner** sind ebenfalls in Weißenkirchen Sauen fest. D. h., ca. 10 Sauen sind ausgefährtet und liegen in einem steilen Waldstück fest. Um 13 Uhr geht es los. Der Revierleiter vermutet, dass sich das Schwarzwild, wie schon öfter, unter den Felswänden eingeschoben hat. Grete und ich wurden über dem Felsen angestellt und als das Treiben begann, schickten wir Dux hinunter.

Nach zwei Minuten folgt ein zorniger Standlaut, wir schicken Ben nach, dann ein Hatzlaut von beiden, ein Schuss und wieder Standlaut von Ben und Dux. Das ist schon Musik in den Ohren eines Hundeführers. Nach etwa 10 Minuten Standlaut wieder ein Schuss und dann Stille, d. h., die Sau liegt – super!

Es dauert gar nicht lang, da hören wir wieder beide, wie sie mit Schwarzwild abfahren. Und schon beginnt eine Kanonade. 13 Schüsse fallen in kürzester Zeit. Offensichtlich wird die Rotte gesprengt.

Ben kehrt nach geraumer Zeit zurück, Dux bleibt weg. Am Sammelplatz liegen 2 Stück. Dabei ist auch der Überläufer, der ganz zu Beginn von Dux und Ben gearbeitet wurde.

Zwei Nachsuchen stehen an. Ich werde mit Ben beginnen, und wenn Dux auftaucht, sollen sie ihn nachschicken. Auf dem Weg zum Anschuss hören wir schon den Standlaut von Dux. Wie so oft hat sich Dux selber die Krankfährte gesucht und die angeschweißte Sau bereits gestellt. Ein Bild für Götter! In einer engen Schlucht, tief verschneit, steht der verwundete Keiler im Bach und Dux stellt extrem schneidig. Immer wieder versucht die Sau, die einen Weichschuss hat, auszubrechen, Dux aber lässt ihr keine Chance. Der Fangschuss von oben herab aufs Haupt lässt den Keiler blitzartig zusammenbrechen. Stolz steige ich zu Dux hinunter und kann nach kurzem Abtasten feststellen, dass er Gott sei Dank unverletzt ist. Zu fünft haben wir Mühe, den 80-kg-Keiler zu bergen.

Nach kurzer Rast geht es auf die zweite Krankfährte. Bruder Anton hat vermutlich einen Überläufer „angekratzt". Heftiger Schneefall hat die Fährte samt eventuell vorhandenem Schweiß bereits zugedeckt.

Dux sucht sofort selbstständig weg und ich führe Ben am Riemen nach. Das funktioniert hervorragend, denn Ben verweist zur Kontrolle auch immer wieder Schweiß unter dem Neuschnee.

Nach ca. 2 km kommt uns Dux bereits wieder entgegen. Wie vermutet dürfte das Stück einen leichten Streifschuss haben, denn sonst wäre Dux nicht abgestanden. Erschöpft stapfen wir durch den Schnee zurück. Als wir ankommen, ist die Streckenlegung bereits vorbei, aber vom Schüsseltrieb erwischen wir dafür umso mehr (Wachau). 4 Stück Schwarzwild kamen zur Strecke.

9. Jänner: Große gemeinsame Bewegungsjagd auf Schwarzwild rund um den Hiesberg. Sechs Reviere jagen gemeinsam. Eine dementsprechend große Schar von Schützen ist eingetroffen. Auch sehr viele Hundeführer sind als Durchgehschützen eingeladen. In unserer Abteilung sind wir zu dritt. Ben und Dux sind mit mir sowie Manfred mit seiner Wachtel. An diesem Tag werden in unserer Abteilung 10 Sauen gestreckt. In den anderen fünf Revieren kamen gesamt nochmals 9 Stück zur Strecke und

so liegen am Abend bei der gemeinsamen Streckenlegung 19 Stück Schwarzwild.
Auch bei dieser Streckenlegung bin ich nicht dabei, weil ich wie immer zur Nachsuche eingeteilt bin. 2 Stück können wir gemeinsam mit Dux, Ben und Aika zustande bringen. Das letzte Stück dürfte vermutlich nur leicht verletzt gewesen sein, denn die Hunde konnten die Bail nicht halten.

Als es dunkel wird, ist Dux noch immer unterwegs. Wir beschließen, abzubrechen. Wie so oft lege ich für Dux meinen Wetterfleck ab und wir fahren zum Schüsseltrieb. Nach ca. zwei Stunden holen wir Dux, der bereits tief verschneit am Wetterfleck liegt, ab. Dux ist fix und fertig; ich muss ihn sogar ins Auto heben. Wieder einmal hat Dux bis zur völligen Erschöpfung gearbeitet. Der zuständige Förster kann es gar nicht glauben, was unsere drei Hunde heute geleistet haben.

17. Jänner: Sauriegeln in Aggsbach. Wie jedes Jahr sind wir Brackenführer zu dieser Jagd eingeladen.

Da wir dieses Wochenende aber die Prüfung im Burgenland haben, lasse ich Dux zu Hause. Mein Sohn Walter wird ihn gemeinsam mit Ben führen. Die Strecke war in den letzten Jahren immer so an die 4 bis 6 Stück. Es ist ein kleiner Trieb. Alle Hundeführer stehen bei dieser Jagd am Stand und die Hunde werden alleine hineingeschickt.

Später wird mir erzählt, dass Dux wieder einmal seine Klasse ausgespielt habe. Er bringt alleine 4 Sauen aus dem Trieb (eine nach der anderen), die alle erlegt werden. Ein starker Keiler wird siebenmal beschossen und in seiner Fährte ist auch Schweiß zu finden. Während die Herrschaften noch beratschlagen, hat Dux bereits die Fährte aufgenommen und kurz darauf ist auch schon Standlaut zu hören. Die nachgehenden Jäger brechen dreimal die Bail und nach ca. 3 km (es war bereits dunkel) hat Walter die Nachsuche abgebrochen. Zur Strecke liegen am Abend 16 Sauen. Fast alle Brackenführer hatten auch Weidmannsheil; entsprechend groß war die Freude bei der Jagdgesellschaft.

Der Jagdleiter des Reviers will unbedingt Dux „adoptieren“, wie er betont, weil man so einen Hund „gar nicht kaufen“ könne. Gefeiert wird diese großartige Strecke bis in den nächsten Tag hinein; sie sollte noch lange im Gespräch bleiben. Am nächsten Tag wird beim Nachsuchen noch ein Frischling zur Strecke gebracht.

Am Dienstag fährt Walter nochmals zum Nachsuchen auf den Keiler. Auf der Fährte liegt eine 2 cm dicke, klare Eisschicht, durch die deutlich wenig Schweiß zu sehen ist. Walter setzt Dux dort an, wo sie vor zwei Tagen aufgehört hatten. Dux nimmt problemlos die Fährte auf und arbeitet mehr als 2 km am Riemen. Als die Fährte in eine extreme Dickung einwechselt, schnallt Walter Dux. Nach ca. 15 Minuten erklingt der bekannte Standlaut von Dux. Also steckt der Keiler in dieser Dickung.

Walter geht die Bail an; ein nicht ganz ungefährliches Unternehmen, weil der Keiler über 100 kg haben soll. Dux und Ben können die Bail aber nicht halten und so geht die Jagd weiter. Walter findet die Stelle, wo der Keiler gelagert hat. Ein paar Tropfen Schweiß bestätigen, dass es die richtige Sau ist, die sie suchen. Vom Lager ist die frische Fährte im Schnee leicht zu verfolgen, aber die Wunde ist bereits verheilt, denn das Stück schweißte ab dem Lager nicht mehr. Nach insgesamt 7 km auf der Fährte wird die Nachsuche endgültig in der Überzeugung abgebrochen, dass der Keiler keine schwere Verletzung haben kann. Auch nach zwei Tagen, mit Eis auf der Fährte, ist es für unsere Bracken kein Problem, diese sicher „kalte Fährte“ zu arbeiten.

22. Jänner: Bewegungsjagd auf Schwarzwild in Niederfladnitz. Wir jagen dort immer gemeinsam mit den Wachtelhundeführern in einer bis zu 2 m hohen Brombeerdickung. Heute sind wir drei Brackenführer. Franz und ich führen die Steirischen Rauhaarbracken, Grete führt Ben (Brandlbracke). Wir sind als Durchgehschützen unterwegs, bewaffnet mit Brenneke, Revolver und Buschmesser.

Immer wieder kommt es in dieser extremen Dickung zu Kontakt mit Schwarzwild; oft weil weder die Sau noch wir ausweichen können. Häufig werden Sauen in der Dickung von Hunden gestellt und wir müssen helfen, diese auf „die Läufe“ zu bringen. Es passiert dann, dass sich diese schon nach 50 m in den nächsten Brombeerbusch so abstellt, dass ihr die Hunde nicht ankönnen. Dann heißt es nachgehen, den Weg oft mit dem Buschmesser freihacken und die Sau flottmachen.

Ein Fehler wäre es, das Stück hier drinnen zu erlegen; ich wüsste nicht, wie wir ein Stück Schwarzwild hier herausbringen könnten.

Im ersten Trieb bewegen wir uns drei Stunden auf nur einem Gebiet von 12 ha, das eine einzige Brombeerkultur ist. Wir, das sind drei Wachtel- und drei Brackenführer. Spurlaut, Standlaut und Schüsse wechseln sich ständig ab; wir fangen einige kranke Stücke kalt ab. Wo es notwendig erscheint, geben wir den Fangschuss. Nach drei Stunden ist es ruhig geworden und wir gehen zu den Schützen, die am Rande der Dickung stehen. Der Jagdleiter schüttelt begeistert den Kopf – wie ich erfahre, liegen jetzt schon 20 Sauen, eine noch nie dagewesene Strecke. Im Vorjahr waren es 5 Stück. Ein Schütze ersucht uns (Grete und mich) zu schauen, ob alle 5 Sauen, die er beschossen hat, auch liegen.

Dux kommt gerade auf einer Schweißfährte aus der Dickung, übersetzt Bach und Weg und verbellt 20 m hinter uns eine erlegte Sau. Drei andere haben wir gefunden. Dux lässt sich aber nicht heranrufen, sondern geht ohne auf uns zu hören (dieser steirische Sturschädel!) wieder hinauf in die Dickung. Kurz darauf hören wir ihn, wie er schon wieder an einer Sau arbeitet.

Also rauf! Mit dem Buschmesser kämpfen wir uns durch dick und dünn. Doch jedes Mal, wenn wir herankommen, bricht die Bail weg von uns. Offensichtlich ist das Stück zu gesund. Es ist auch sehr wenig Schweiß zu finden. Also zurück. Während die anderen Hundeführer ihre Hunde pflegen – die meisten schweißen schon an den Ballen (verursacht durch den harschigen Schnee und Dornen) oder entfernen (speziell bei den Wachteln) die Eisknobern zwischen den Zehen –, sollen wir zur nächsten Nachsuche. Der Jagdleiter meldet, dass er eine stärkere Sau krankgeschossen hat. Schweiß ist vorhanden.

Da Dux noch unterwegs ist, gehen wir mit Ben. Ich bin schon neugierig, wie Ben heute an der kranken Sau arbeitet. Vor vier Tagen erst hat er von einem kranken Keiler eine grobe Lektion erhalten; zum Glück wurde er aber nicht ernsthaft verletzt. Bei der Fährte angekommen, nimmt Ben in seiner ruhigen Art die Fährte an. Wir arbeiten ohne Riemen, weil Ben sowieso immer auf uns wartet.

Im Schnee ist der Fährte leicht zu folgen und etwas Schweiß, immer auf der rechten Seite der Fährte, lässt uns hoffen. Nach ca. 1.000 m finden wir das erste Wundbett. Der Schnee ist bis zur blanken Erde weggewühlt. Das ist ein Zeichen von großen Schmerzen. Nach 200 m wieder das gleiche Wundbett. Ben wird jetzt schneller und kommt nach einiger Zeit freudig zurück.

Ich deute das als Totverweisen und bin daher sehr überrascht, als plötzlich die kranke Sau vor mir steht. Ben umkreist diese sehr vorsichtig und in einem größeren Abstand. Ich kann keinen Fangschuss anbringen, da keine Schussbahn frei ist. Als der Überläufer mit ca. 60 kg vor mir langsam wegzuziehen beginnt, merke ich, dass er schwer krank ist. Ich schultere daraufhin wieder mein Gewehr und versuche diese Situation mit der Filmkamera festzuhalten. Mir gelingt es sogar, seitlich vorzulaufen und einige gute Aufnahmen zu machen – immer in der Hoffnung, dass die Sau nicht angreifen wird.

Als ich eine passende Lücke finde, versuche ich, den Fangschuss zu geben; leider verirrt sich die Kugel im Geäst. Der Schwarzkittel lässt sich durch den Schuss nicht beunruhigen und zieht gemächlich weiter, dicht verfolgt von der eher vorsichtigen Brandl.

Wäre jetzt Dux da, würde es schon eine heftige Konfrontation geben.

Inzwischen ist auch der Förster herbeigeeilt und auch Grete, beide bewaffnet. Also kann ich wieder filmen. Als es passt, kann der Förster den Fangschuss anbringen und das Leiden beenden. Der erste Schuss saß weich. Feist hatte den Ausschuss aber fast verschlossen, darum war auch so wenig Schweiß zu finden. Auch nach dem Schuss bleibt Ben vorsichtig, gibt uns durch sein Geläut aber zu verstehen, dass die Sau liegt. Als wir nach unten blicken, sehen wir, wie sich Dux auf der Schweißfährte zu uns nacharbeitet; kurz darauf ist er bei uns. Für Ben war es eine gute Möglichkeit, den Respekt vor der wehrhaften Sau wieder etwas abzubauen, Ich bin mir sicher, beim nächsten Mal wird er schon wieder schärfer an die Sauen gehen. Und es schadet auch nicht, wenn man etwas vorsichtig ist, vorausgesetzt, man ist nicht feige!

Im zweiten Trieb führt mich Dux dann zweimal an eingeschobene Sauen heran, wo ich dann auch selber einen Frischling im „Nahkampf“ (ca. 4 m) erlege. Jubel herrscht dann bei der Streckenlegung: 26 Stück Schwarzwild und 6 Rehe liegen auf der Strecke – und das mit nur 15 Schützen! Dementsprechend großes Lob erhalten dann auch unsere Hunde für die gute Arbeit.

Wie immer, wenn die Jagdsaison dem Ende zugeht und ich ein paar ruhige Stunden habe, lasse ich das Jahr Revue passieren und schreibe ab und zu etwas auf. Ich merke dann, dass ich manchmal ganz schön viel Einsatz von meinen Hunden verlange. Aber die machen es genauso gern wie ich und Gott sei Dank auch wie meine Frau Grete. Neben den hier geschilderten Jagderlebnissen bewirtschaften wir noch unsere Genossenschaftsjagd, wo wir ca. 20 Stück Rehwild erlegen. Voller Stolz kann ich jetzt feststellen, dass mein **Dux vom Lonitzberg** mit seinen acht Jahren auf seinem Höhepunkt angekommen ist. So viel Jagdverstand, Eigenständigkeit und Routine zu erleben, dürfte eher selten sein. Ich hoffe, ich darf das noch ein paar Jahre!

Der Brandlrüde **Ben vom Brandlkreuz** von meinem Sohn Walter ist mit seinen drei Jahren noch etwas in der Ausbildung. Mich begeistert aber seine ruhige Art der Suche und seine Führerbezogenheit. Mit Ben kann man problemlos ohne Schweißriemen arbeiten, wenn es notwendig ist; fliegt er aber ab, dann fängt er die kranken Rehe kompromisslos ab. Er lässt sich auch bereitwillig von jedem Wild abpfeifen und jagt und sucht (wenn es sein muss) unter der Flinte wie ein Vorstehhund. Einen so leichtführigen Hund habe ich noch selten gesehen.

Eines möchte ich auch hier noch festhalten: Obwohl Dux von Lonitzberg HD-C (leichtgradige Hüftgelenk-Dysplasie) hat, jagt er tagelang wie ein Teufel – ohne jegliche Beschwerden. Offene Ballen oder Schneekugeln zwischen den Zehen kennen wir nicht. Und Dux hat, obwohl er viel und hart am Schwarzwild jagt, sehr selten Verletzungen. Obwohl viele „warme" Nachsuchen bei den Bewegungsjagden anfallen, hat er überhaupt kein Problem, nach 48 Stunden oder mehr Schweißfährten zu arbeiten. Aber er weiß mittlerweile auch bald, ob das Stück zu bekommen ist oder nicht. Wenn nicht, steht er beizeiten ab.

„Dux vom Lonitzberg" – Welthundesieger 2012

Lohn der Arbeit

Jagdausübung, gemeinsam mit einem Partner, den man nicht per Mobiltelefon erreicht, sondern dessen Körpersprache man verstehen muss, ist sicher die Krönung der Jagd. Aber nicht nur bei der Jagd, auch in anderen Sportarten und Situationen bewundern viele Menschen die Zusammenarbeit mit Tieren: sei es im Zirkus, wo große Raubtiere im Vergleich zu dem oft klein wirkenden Dompteur aufs Wort folgen, oder bei der „Großen Chance", wo das „Dog Dancing" die Massen und die Jury so begeisterte, dass diese sogar als Sieger hervorgegangen sind.

Beobachten Sie zum Beispiel einmal einen Blindenhund, mit wie viel Gefühl er sein Herrchen durch das Leben führt. Oder, wenn ich an meine Frau denke: Sie macht heilpädagogisches Voltigieren mit behinderten Kindern; unglaublich, wie gefühlvoll die Pferde auf den jeweiligen Zustand des behinderten Kindes eingehen, ohne dass man es verordnen muss. Die Tiere verstehen uns Menschen voll und ganz, egal ob wir reden oder nicht.

Aber wie steht es da um uns Menschen? Beobachten Sie doch einmal bewusst uns Menschen! Ständig nörgeln und meckern wir zum Beispiel mit unseren Hunden: „Geh bei Fuß!", „Mach Platz!", „Gib Ruhe!" usw. Bei so manchem Hundeführer verstummt das „Pfeiferl" fast nie … Ein erfahrener Hundeführer hat einmal gesagt: „Gut, dass Hunde nicht reden können, denn dann würde es keine mehr geben." Genau so ist es.

„Wozu gibt mir mein Herr den Befehl ‚Bring Apport!'? Als ob ich nicht selber wüsste, dass ich den geschossenen Hasen holen soll, selber ist er ja doch zu faul", mag sich der Vorsteher denken. Oder beim Terrier: „Da hinein, fass den Fuchs!", befiehlt der Hundeführer vor dem Bau seinem Hund. „Ich selber werde doch wohl wissen, was zu tun ist, wenn ich am Bau bin!“, dürfte der Terrier denken, „aber es wäre besser, viel besser, mein Herr würde den Mund halten, denn mit seiner Schreierei macht er den Fuchs aufmerksam und erschwert mir meine ohnehin schon schwere und gefährliche Arbeit. Aber die Menschen kapieren das wohl nie …“

Gleiches kann auf der Schweißfährte beobachtet werden: „Such verloren!“, „Zurück zur Fährte!“ und und und ... „Ständig meckert der da hinten. Ich weiß wohl selber“, so wird sich so mancher Hund denken, „wenn ich die Fährte verloren habe, aber der Depp gibt mir ja zu wenig Riemen, damit ich anständig suchen könnte. Aber immer gescheiter sein, das können sie, die lieben Herrchen.“

Solche Geschichten sieht man, wenn man als Beteiligter (zum Beispiel als Leistungsrichter) die Arbeit eines Gespannes beobachtet. Ich habe öfter bei der Beurteilung der Schweißfährte als Leistungsrichter zum Führer sagen müssen: „Die Arbeit des Hundes war sehr gut, aber der Hundeführer ist offensichtlich ein Analphabet, er kann seinen Hund nicht ‚lesen‘.“ Das kommt leider häufiger vor, als man glaubt. Es darf einen aber auch nicht wundern. Glauben doch manche Hundeführer, mit ein paar Stunden Arbeit beherrscht man schon alles. Mehr noch: Der eine oder andere glaubt tatsächlich, **er** müsste dem Hund lehren, was dieser zu tun habe. Das funktioniert aber nur bei Gehorsamsfächern wie „Sitz!“, „Platz!“, „Fuß!“ etc. Bei jeder „Suche“ auf der Gesund- wie auf der Wundfährte sollten nicht wir Menschen dem Hund lehren, was er zu tun hat, sondern es sollte sich genau umgekehrt verhalten. **Wir** müssen vom Hund lernen und unseren Vierbeiner bei der Arbeit genau beobachten und zu verstehen lernen, was da gerade passiert. Menschen, die dazu in der Lage sind, sind gute Hundeführer. Vielleicht ist es Ihnen schon aufgefallen: Mancher Hundeführer hat immer wieder sehr gute Hunde, egal welche Rasse und welche Abstammung er führt. Das ist deshalb der Fall, weil er seine Hunde „lesen“, sich in ihn hineindenken kann und den Hund seine angeborenen Fähigkeiten ausleben lässt. Nur so kann ein Gespann erfolgreich arbeiten.

Weiter ist wichtig, dass wir Hundeführer dafür zu sorgen haben, dass unser Hund genug Arbeit hat. Nur Hunde, die viel arbeiten, sind ausgeglichen und erbringen gute Leistungen. Natürlich ist es nicht leicht, Arbeit für den Hund zu organisieren. Dazu muss man sich auch selber sehr engagieren. Ich bin zum Beispiel mit meinen Hunden im Herbst sicher bei 20 Bewegungsjagden dabei. Die Hunde lernen dabei, effizient zu jagen und Nachsuchen fallen auch immer wieder an. Natürlich ist es kein Honiglecken, bei jedem Sauwetter durch die dicksten Brombeerplantagen zu kriechen und dem Hund zu helfen, die Sauen herauszutreiben, damit die anderen etwas zu schießen haben. „Warum tust du dir das in deinem Alter noch an; hast du das notwendig?", werde ich öfter gefragt. Ich selber habe es nicht notwendig, aber meine Hunde brauchen Arbeit. Und für mich gibt es nichts Schöneres, als gemeinsam mit meinen Hunden an „vorderster Front" zu sein und dabei die schönsten Jagderlebnisse zu haben.

Auch bei jedem Pirschgang kann man, wenn man auf den Hund achtet, schöne Erlebnisse haben. Oft haben mir die Hunde durch Sichern und Winden in eine Richtung zu verstehen gegeben, dass da was ist, dadurch hat sich mancher Jagderfolg ergeben.

Dass ich mehr als tausend Nachsuchen bewältigt habe, ist nur auf viel, viel Einsatzbereitschaft zurückzuführen. Da muss es schon einen ganz besonderen Grund geben, wenn ich nicht kommen kann. Wenn man aber einmal bekannt ist, dann bieten sich natürlich öfter Möglichkeiten an. Aber ohne Fleiß kein Preis: Nur wer wirklich viele Stunden gemeinsam mit seinem Hund verbringt, wird gute Hunde führen. Wie sagte schon Richard Sauerwein (Verleger der Broschüre „Einschulung der Bracken") doch so treffend:

„Jeder hat den Hund, den er sich verdient."

Wie wahr!

Brackenheil!

Meisterführer Erich Pitzl